"十四五"普通高等教育本科部委级规划教材

U0738113

SHISHANG XIAOGUOTU JIFA

时尚效果图技法

王德才 ◎ 编著

中国纺织出版社有限公司

内 容 提 要

本书是"十四五"普通高等教育本科部委级规划教材。本书分为时尚效果图概论、人体的绘画与表现、着装人物与款式图画法、时尚效果图着色技法、计算机辅助表现技法五大板块，其中时尚效果图着色技法和计算机辅助表现技法是本书的重点部分，从手绘人体姿态到计算机设计呈现，能够看到一条清晰的脉络。当下，人工智能应用越来越广泛，在设计环节中的作用越来越重要。本书在着装人物的画法部分加入了款式图的学习，丰富了设计内容；在时尚效果图着色部分加入了水墨画法，强调了中国画画法的融入，体现思政进课堂。

本书可作为服装设计专业院校师生教材，也可供时装画爱好者及相关业界人士参考阅读。

图书在版编目（CIP）数据

时尚效果图技法 / 王德才编著 . -- 北京：中国纺织出版社有限公司，2025.4 . --（"十四五"普通高等教育本科部委级规划教材）. -- ISBN 978-7-5229-2414-4

Ⅰ .TS941.28

中国国家版本馆 CIP 数据核字第 2025YZ5675 号

责任编辑：宗 静 郭 沫 责任校对：高 涵
责任印制：王艳丽

中国纺织出版社有限公司出版发行
地址：北京市朝阳区百子湾东里 A407 号楼 邮政编码：100124
销售电话：010—67004422 传真：010—87155801
http://www.c-textilep.com
中国纺织出版社天猫旗舰店
官方微博 http://weibo.com/2119887771
北京通天印刷有限责任公司印刷 各地新华书店经销
2025 年 4 月第 1 版第 1 次印刷
开本：787×1092 1/16 印张：8
字数：118 千字 定价：68.00 元

　　本书的主要内容是根据编著者在天津科技大学艺术设计学院服装系教授"服装效果图技法"课程中，依靠多年的教案、教学课件发展而来的。经过不断地整理和总结，推出了一套独具特色的教学方案。本书内容深入浅出，强化了服装人体的训练内容，各个学习环节紧密衔接，并按课堂要求量化了课后练习内容，对学生们轻松学习多种表现技法大有帮助。本书包括时尚效果图概论、人体的绘画与表现、着装人物与款式图画法、时尚效果图着色技法、计算机辅助表现技法五部分，其中最后的章节是关于计算机绘制效果图的内容，学习者有了手绘的基础后，能很快掌握计算机的绘制方法和手段，画出具有想象力的作品。反之，如果没有前面的手绘基础，只会计算机操作，会缺少美学修养，限制发展。手绘效果图与计算机绘制效果图的结合是本书价值所在。本书中的插图一部分出自时装画名家之手，一部分是编著者的作品和课堂示范图，除此之外还有一部分是编著者在"服装效果图技法"课程中的学生作业和学生参赛获奖作品，有的较完整，有的仍显稚嫩，有的是临摹作品，有的是原创，主要为了体现教学阶段应该达到的能力和效果。这些学生前后相差20多年，最早是1997级，最新的到2022级，其中少量作业没有找到署名，统一名称为学生作业。这些学生现在有很多已成为知名设计师、服饰品牌商、时尚摄影师、时尚评论员等业内精英。总之，本书的宗旨是想用一种通俗易懂的方法，让有志于学习服装设计的学生和爱好者，在效果图绘制的学习中能有所收获。

　　由于本人水平有限，本书中会有一些不足，希望各位同行专家不吝赐教。

王德才

2024年10月

教学内容及课时安排

章 / 课时	课程性质 / 课时	节	课程内容
第一章 （2课时）	理论基础 （2课时）		**时尚效果图概论**
		一	时尚效果图与时装画
		二	时尚效果图在时尚设计中的作用
第二章 （12课时）	理论＋实践 （22课时）		**人体的绘画与表现**
		一	女人体的画法
		二	男人体的画法
		三	儿童人体的画法
		四	头部的画法
		五	手、脚、鞋子的画法
第三章 （10课时）			**着装人物与款式图画法**
		一	着装人物的画法
		二	款式图的画法
第四章 （24课时）	实践操作 （48课时）		**时尚效果图着色技法**
		一	面部、手部、鞋子等着色法
		二	水彩淡彩法
		三	水粉平涂法
		四	彩色铅笔画法
		五	麦克笔画法
		六	油画棒、水墨表现技法
		七	系列化时尚效果图技法
		八	时尚效果图表现手法
第五章 （24课时）			**计算机辅助表现技法**
		一	图像设计软件表现技法
		二	图形设计软件表现技法

目 录

4 第四章
时尚效果图着色技法

5 第五章
计算机辅助表现技法

第一章

时尚效果图概论

课题名称：时尚效果图概论

课题内容：1.时尚效果图与时装画

2.时尚效果图在时尚设计中的作用

课题时间：2课时

教学要求：了解时尚效果图的概念和内涵，认识时尚效果图在时尚设计中的重要作用。

教学方式：课堂讲授和案例分析相结合。

第一节
时尚效果图与时装画

当我们走在城市的街头，总会被一些时尚女士所吸引，她们时髦的造型成为城市里一道独特的风景线。时装会在每个季节展现出不同的色彩、造型和感觉，人们追逐流行，流行带动着城市的时尚脉搏，使城市更加富有生机。时尚效果图作为记录和展示时装流行及静态美的手段，是时装设计师设计中最重要的环节，也是时装插画师奇思妙想的表达手法。同样作为时尚插画，也成为一种特殊形式的画种，一种独立的绘画艺术形式和门类，还应用于时装广告、宣传等方面（图1-1）。

一、时尚效果图

时尚效果图也称服装效果图、时装画等，为了统一概念，在本书中我们统称为时尚效果图。它是时装设计的蓝图和依据，作为时装设计的一个重要环节，是时装设计师将脑海中的样式，通过画笔在纸上或画布上，模拟、再现、成型的过程，也是设计语言充分表达的过程。时尚效果图以时装为表现主体，展示人体着装后的效果、气氛，并具有一定艺术性、工艺技术性。它是时装设计中的重要环节，是衔接时装设计师与时装制板师、工艺师、消费者的桥梁，因此，画好时尚效果图非常重要。

图1-1　时尚效果图

我们总是希望找到一种明确、快捷、专业的学习方法，让初学者快速地学会时尚效果图的绘制，因此提供了一些实用的表现技法。在本书中我们将以人体动态与结构为基准来展开学习。在绘制时尚效果图的过程中，人体表现完成后，要深入表现时装的整体造型、设计细节、色彩搭配、面料质感等方面。时尚效果图有不同的风格及表现手法，但人体形态始终是时装设计的基本依据。

时尚效果图表现的主体是时装，脱离这一主体，便难以称其为时尚效果图。时尚效果图的内容是表现或预视时装穿在人体之上的一种效果、一种精神追求、一种着装后的气氛，所以它要避免单调、程式化的表现形式，要具有创造性、独特性、有画意、有格调的意蕴。如何艺术化地呈现设计师的时尚效果图，是表达的重点，也是所有设计师、时尚插画师所追求的。

1980年后，我国开始开设服装设计专业，时尚效果图成为主要设计课程，随着时代的发展，逐步把中国传统绘画元素融入时装画的表现之中，开始用中国传统线描、工笔重彩画、写意水墨画等表现手法来绘制效果图，在彰显中国传统文化元素的同时，也丰富了绘图、设计表现形式。

二、怎样理解时装与服装的概念

服装是衣服、鞋、帽的总称，有服饰与装束的含义，是指已被传统积累固定并体现出人群特征或个性的衣着。时装设计是介于高级时装和成衣之间的设计，是指具有流行意味的时尚服装设计，因此，时装的外貌灵活多变，设计手法受流行趋势影响较大。

理解了时装与服装的概念，就会对时尚效果图、时装画、服装效果图有了更深的理解。时装画更加强调绘画性和插画性，可以是一种具有引导性、前瞻性的绘画，服装效果图更强调设计的严密性，是设计的蓝图，而时尚效果图介于二者之间，既兼顾时尚流行，又要与最终设计作品有对应性。从广义的角度看，它们都是一个概念。

第二节
时尚效果图在时尚设计中的作用

时尚效果图是对设计构思的表达，是设计构思与服装制板以及裁剪制作的重要依据，具有丰富的表现力和艺术感染力。手绘时尚效果图是传统的表现方法，更具有艺术性，计算机绘制效果图是在新时代科技发展的背景下形成的新的表现方式，特点是速度快，修改方便，不足之处是缺乏人文情怀。

一、手绘时尚效果图在时尚设计中的作用

在时装设计中，手绘时尚效果图是最重要的环节，作为服装设计者，手绘时尚效果图更能直接表达作者的意图，同时也能多视点地分析、推敲方案，使服装设计趋于完整，这

也正是在服装设计中手绘时尚效果图的重要意义所在。

1. 设计构思的表达

表现时尚效果图，需要运用绘画的手段与方法，来体现时装设计的造型结构与色彩组织架构。它作为整个服装创意的一个重要部分，是从设计构思到裁剪制作过程的蓝图，设计过程中要不断围绕主题的内涵，进行修正和完善。一个好的设计离不开好的理念，手绘效果图是设计的基础，良好的绘画基础加上长期设计实践，才能绘出准确的服装造型，才能创作出好的设计作品。对于每个设计者来说，掌握手绘时尚效果图是十分必要的。绘制时尚效果图，要模拟出人物着装后的服装造型、色彩表现、风格定位、面料肌理等。

2. 服装结构和工艺的细节表现

时尚效果图绘制是每一位服装专业学生的必修课，我们不仅要对服装的外轮廓及细节进行反复修正与调节，而且要从时装的功能、结构、材料、缝制工艺、设计定位、流行趋势、社会环境、地域文化等多方面进行深入理解。设计师为了把设计构思表达充分与完整，需要画出时装的前视图及背视图，要求更严谨时应该把时装的侧视图也画出，一些细部结构也必须示意清楚，有些还要求附面料小样，写出工艺说明，更直观地表现自己的设计理念。

3. 色彩组织与搭配

理解色彩搭配与造型的关系以及色彩的心理倾向与感受，对获得流行色的信息敏锐度、不断提高对色彩的审美和鉴赏能力有很大帮助。理解色彩原理及色彩对比、色彩调和关系，对设计会起到事半功倍的作用。

4. 建立良好的艺术修养，不断提高审美能力

手绘时尚效果图能够培养良好的艺术修养和审美能力。设计者除了要具备一定的服装学基础知识外，还必须具备一定的艺术修养和绘画基础。绘画方面的速写、素描、色彩训练、综合基础构成，以及质感、光感调子的表现和空间气氛的营造等方面会增强效果图的艺术感染力（图1-2）。

选择最佳的人体姿态、合适的表现方法是设计的进一步深化。因为在手绘中才能体验人物造型的准确表现，才能掌握线条在时尚效果图中的灵活运用，包括线条在时尚效果图中表现人物及衣着纹理方面富有相当生动鲜明的感染力。

总之，在服装设计中，手绘时尚效果图可称得上是方便、快捷的表现方式，服装设计者应利用这种表现方式，以熟练操作展示设计效果。

图1-2　手绘时尚效果图

二、计算机绘制效果图在时尚设计中的补充作用

　　学生在掌握一定的手绘效果图的绘画基础后，学习计算机绘制效果图就更方便了。计算机绘画可以提高工作效率，拓展我们的视野。随着科技的不断发展，我们的一部分设计将由计算机代替完成，它虽不能替代我们的设计理念和思维，但可以使我们的效率大大提升。计算机绘制效果图要有一定的手绘效果图基础，同时有一定的绘画基础、艺术修养之后再开始学习，否则即使有再好的技术也会表达不到位，犹如隔靴搔痒（图1-3）。

图1-3　计算机绘制时尚效果图（2009级谢天意绘）

第二章

人体的绘画与表现

课题名称： 人体的绘画与表现

课题内容： 1.女人体的画法

2.男人体的画法

3.儿童人体的画法

4.头部的画法

5.手、脚、鞋子的画法

课题时间： 12课时

教学要求： 掌握时尚效果图中各种人体结构、比例与动态，
能够熟练画出各种人体姿态，能够熟练画出面部
五官及发型。

教学方式： 课堂讲解与课堂示范，课堂练习与辅导。

学习时尚效果图技法，需要有一定的绘画及人物造型基础。所以要学好人体素描和速写，理解人体的结构和运动规律，画时尚效果图的最终目的是通过优美的人体展示出时装的韵味。全方位地理解人体骨骼和肌肉及人体美的奥秘，对时尚效果图的学习会事半功倍。关于人体结构与解剖，由于篇幅有限，请各位在课余时间学习一下，这里不展开讲解，同学们和服装设计爱好者们，一定在课下做好功课。

除了掌握一定的绘画技巧和时装画技法之外，学习时装画还必须掌握一定的时装设计方面的知识，包括服装造型设计、服饰色彩、服饰图案、服装设计方法等，这样画起来才能够得心应手，做到有的放矢。

对于人物比例的使用，没有一个既定的准则。发展到现在，时尚效果图中采用的人物比例通常是8.5头身或以上的比例。8.5或9.5头身比例的时尚效果图相对来说是较倾向写实风格，比例适度夸张，从而使效果图和服装实物作品比例不会失调，能够验证设计预想和结果之间的关系。而采用9.5头身以上比例人物的时装画，或多或少都带有一定的装饰效果。人物比例拉得较长的时装画，其夸张、装饰性的比重较大。时装广告画与插图的人物比例则可能使用较为夸张的比例。

第一节
女人体的画法

女人体的一般画法，采用8.5头身的比例，以展示优美的形态感。这个比例是以从头顶到脚踝❶的距离计算的，设计的创新点要在图中进行强调以达到引人注目的效果，细节部分要仔细刻画。服装效果图的模特采用的姿态以最利于体现设计构思和穿着效果的角度和动态为标准，要注意掌握好人体的重心，维持整体平衡。

一、女人体的基本动态画法

（1）从头到脚踝画出重心垂直线，再画出八等分横线，位置分别为头部、胸部、腰部、臀部、大腿中部、膝盖、小腿中部、脚踝，注意大腿和小腿分别占2格，头部占1格。

---

❶ 本书人体比例从头顶至脚踝计。——编者注

（2）模特头部呈椭圆形，随后标注各种宽度，肩部为2头宽，腰部为1.5头宽，臀宽等于肩宽。

（3）画出胸腔和臀部的两个梯形，连接部位关键点。

（4）画出膝盖和脚腕的位置。注意膝盖宽度为0.5头宽，脚腕比膝盖要窄，但是比膝盖宽度的一半要大，找准小腿最宽的位置，画出对应辅助椭圆，然后将这些位置依次连线。

（5）画出手臂位置，先画出手臂的厚度，约为0.25头宽。画出上臂最细的位置和手臂肘部位置的辅助椭圆，并与手腕连接。注意手腕比脚腕稍微细一点，在第八格对应位置，确定脚踝位置，画出右脚，为长梯形，长度约为3/4头长以上。

（6）画出身躯和腿部的曲线，臀部曲线一定要变化平缓。

（7）画出手臂的曲线，注意手臂外面和腿外侧的弧线较为平缓，内侧弧线变化比较丰富，只有画出这种曲线感，才能更生动。

（8）在第四格以下位置，画出右手，长度为3/4头长，形状为两个三角形。在第三格与四格中间位置画出左手，宽度为1/4头长。在第八格以下位置画出左脚，长度为1/2头长。

（9）连接各部位连线，画出全部人体（图2-1）。

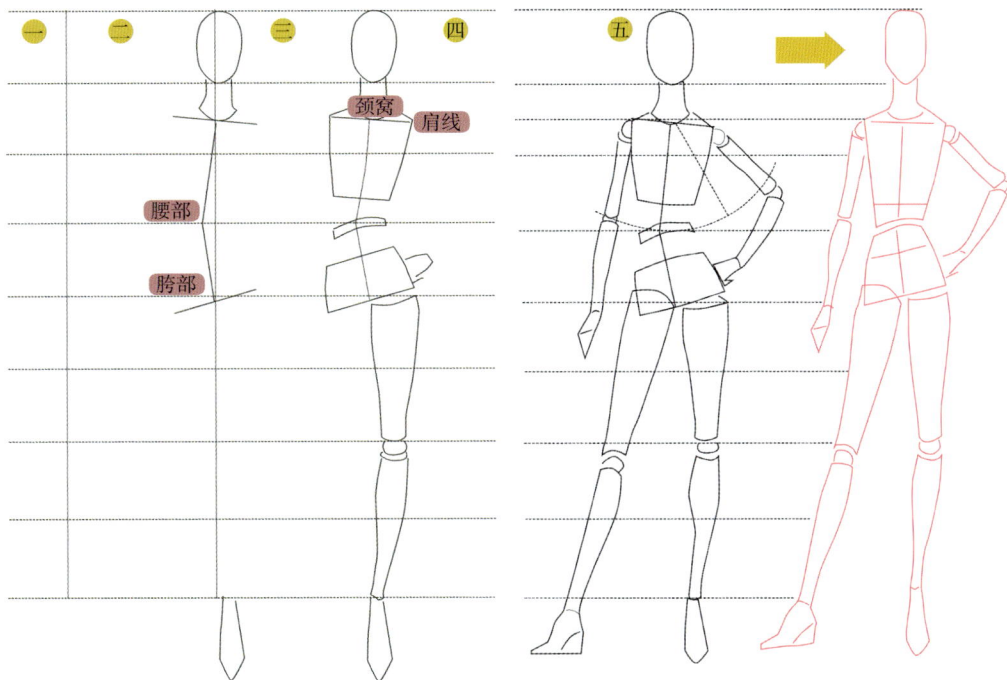

图2-1　女人体基本形态画法

二、女人体的3/4侧面动态画法

人体的转动可能转变一组新的姿态，观察这个动态可以发现，受重力影响，肩线和臀围线发生倾斜，人体重心落在肩线低的这一端的脚踝上，人体各个部位也随之调整，人体动态线摆动产生美丽的S线条。在画出手臂之前，要考虑好手的位置，一般一只下垂，另一只弯曲，腿部线条进行曲直对比以形成形式美感（图2-2）。

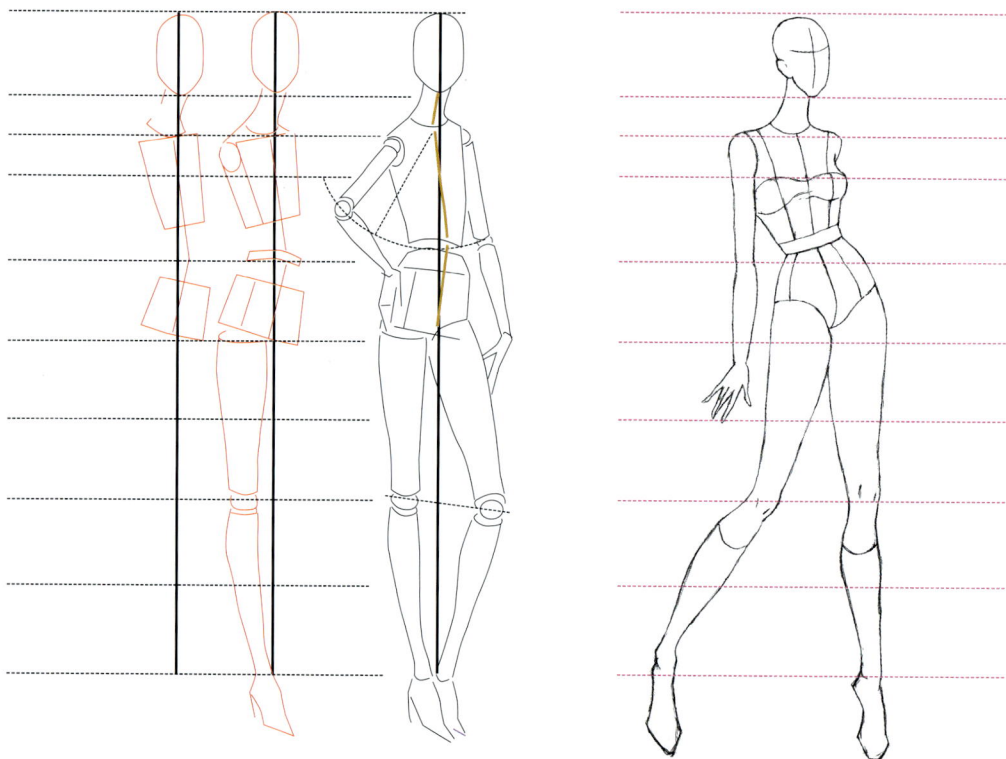

图2-2 侧面女人体动态画法

三、女人体9.5头身动态画法

9.5头身人体的画法和8.5头身人体的上半部分画法基本相同，不同的是9.5头身人体的腿部整体拉长一个头长，从胯部到膝盖为2.5头高，膝盖到脚踝为2.5头高，为使整体比例协调，在画手部和脚部时也要适度拉长。9.5头身人体主要应用在时装插画中，会使服装特征及设计元素更加具有装饰美感。而在具体设计中不建议用，因为这样会使设计效果与实际设计作品比例差距加大，增加服装制板难度（图2-3）。

四、女人体10.5头身动态画法

10.5头身人体的画法和8.5头身人体的画法在上半部分基本相同，不同的是10.5头身人体的腿部整体拉长了2个头长，从胯部到膝盖为3头高，膝盖到脚踝为3头高，为了使整体比例协调，在画手部和脚部时也要适度拉长（图2-4）。

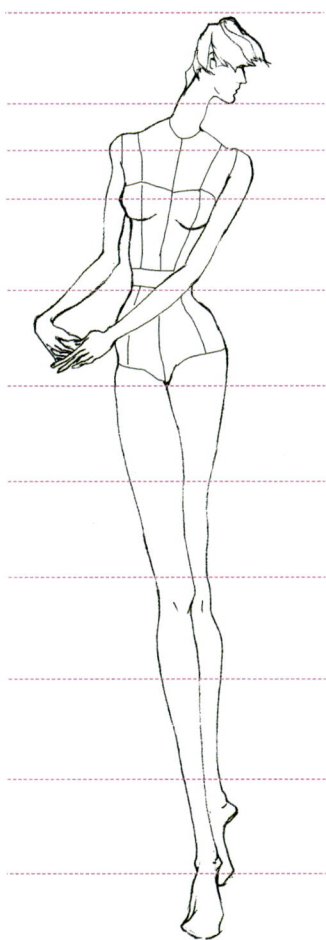

图2-3　9.5头身人体动态画法　　　　图2-4　10.5头身人体动态画法

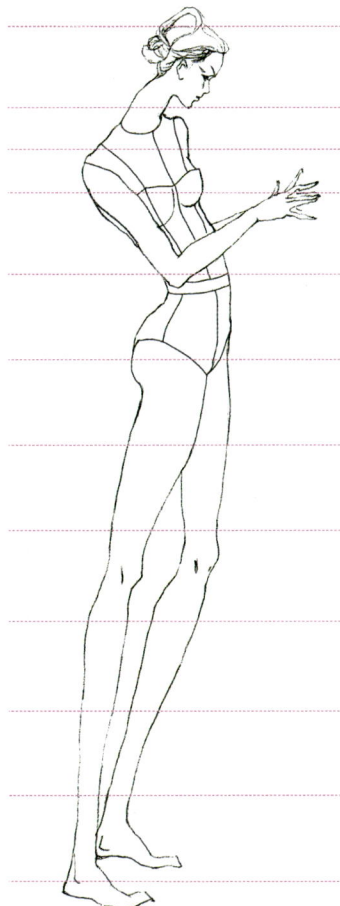

五、人体的动态特征与关键词

1. 重心线

时尚效果图中，表现人物的动态除了要研究比例关系之外，还应着重研究重心及重心平衡规律。重心是人体重量的集中作用点，无论姿态发生何种变化，人体的各部分都围绕着这一点保持平衡。重心线是指在静止站立时，垂直、半侧稍息姿态中，人体锁骨窝（颈窝）向地平线作的一条垂线，这条垂线将人体躯干分为左、右两部分，反映了人体动态的特征和运动的方向，它是分析人物运动状态的重要依据与辅助线。它始终是作为一条垂直线的形式存在（图2-5）。

2. 体积

体积即为人的头部、胸腔和腹腔的空间体量，各自为一个整体。当人身体发生扭转时，通过颈部、腰部、臀部的错位与轴向运动的变化，使这三个整体在力的作用下产生不同方向的重新组合，变化出无数的动态。

3. 横线

横线即人体的肩线、腰围线与臀围线的线性变化。当人体呈静止水平状态站立时，肩线、腰围线与臀围线呈平行状态，但当人体发生运动或发生扭曲时，腰围线与臀围线始终保持平行关系，肩线和臀围线则呈现出相反方向的倾斜运动状态，形成一定的夹角关系，并且随着肩线与臀围线之间的角度变化，角度越大，身体扭动的幅度越大，动态交错相对的幅度就越大，动态也就越夸张。一般来说，膝盖之间的倾斜度都遵循一般规律，即与臀部的斜向相一致。例如，人的重量落在右脚上，盆骨右侧就高起，臀线就由右侧向左下方倾斜，肩线则向相反角度倾斜，人体才能保持平衡。

4. 四肢

四肢变化能够呈现出人体运动过程中的一种状态，表达出了丰富的情感和思维。四肢表现应注重与人体三大体积的关系，有利于服装款式的表达（图2-6）。

双人体组合与多人体组合难度要大于单人体，要考虑两个人体的前后、左右组合位置，动作姿态也要有所不同，形成关联关系（图2-7）。

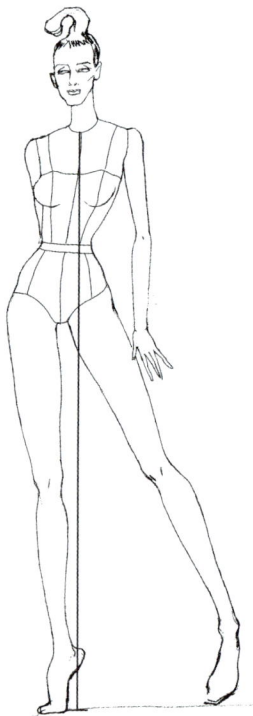

图2-5 人体重心线　　　图2-6 人体四肢变化（王德　　　图2-7 双人体组合（王德才绘）
才绘）

作业与练习

　　根据学习资料，练习画出8.5头身女人体10款（包括正面、侧面、背面姿态），9.5头身女人体2款，10.5头身女人体2款。

　　目的与基本要求：熟悉时尚效果图中女人体比例、结构、动态，能够画出各种动作姿态，达到熟练并能默画的程度（图2-8）。

图2-8　学生人体练习图

　　学生完成作业之后，教师为学生们依次辅导，检查学生的完成效果，如果有结构和动态等问题，可以拿铅笔帮助学生们修改，并指出错误的原因，对于画得好的人体作业，可以在作业上打对勾，以示表达准确。同时告诉学生，要把画得姿态好的人体用脑子记好，背下来，能够在不参照原图的情况下，熟练地画出来。

第二节
男人体的画法

　　男人体和女人体相比有很大不同。男人体最宽处位于肩部，骨盆比女人体窄而浅，整体廓型呈T型。女人体最宽处位于骨盆，整体廓型呈X型。男人体骨骼与肌肉结实丰满，在绘画中要充分体现（图2-9）。

　　男人体强健而不臃肿，肌肉发达且有型。所以在绘制男人体时，相对于女人体肌肉线条要硬朗，线形粗犷有力。胸腔体积相对于女人体画得要厚重、有体积感，胸大肌、三角肌等主要肌肉要有所体现，对手部和脚部的处理要比女性的更粗大、有肌肉感。男人体的整体感觉是倒三角形，肩部宽大，臀部比女性小。女人体相对于男人体来看是X型，胸部与臀部丰满是女性的性征，这点要特别注意。男人体由于脂肪少，背部会比女人体更多地体现骨骼肌肉，如背阔肌肌肉线、肩胛骨骨点、脊柱线、臀大肌与臀中肌交界线、胯骨点等（图2-10）。

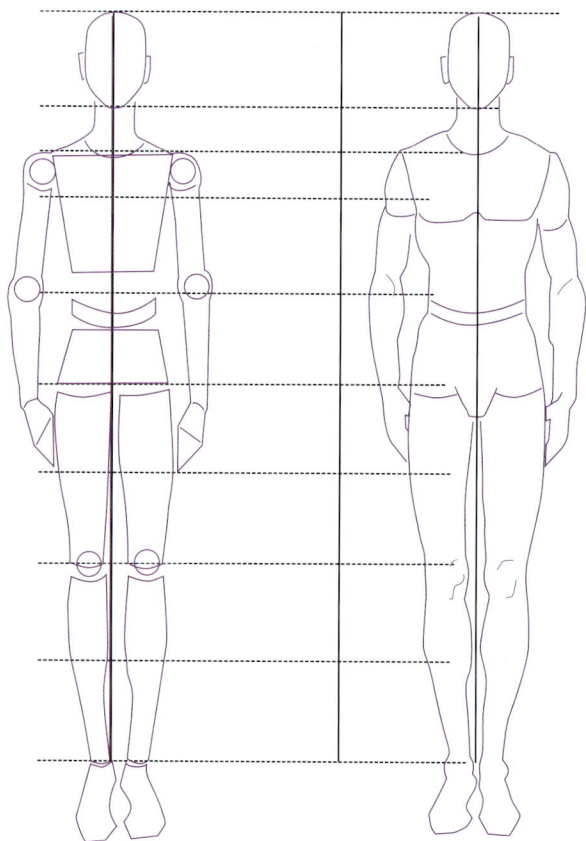

图2-9　男人体基本形态画法

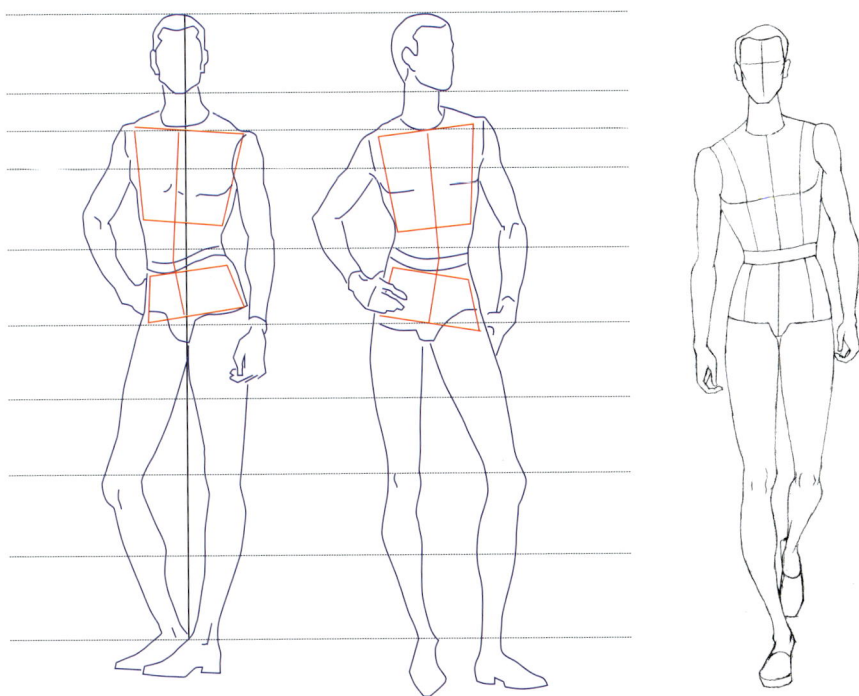

图2-10　男人体动态画法

作业与练习

　　根据教材及学习资料，练习画出8.5头身男人体5款（包括正面、侧面、背面姿态），9.5头身男人体1款，10.5头身男人体1款。

　　目的与基本要求：熟悉时尚效果图中男人体比例、结构、动态，能够画出各种动作姿态，达到熟练并能默画程度。

第三节
儿童人体的画法

　　儿童的生长发育具有规律性。对儿童来说，头部的生长最为缓慢，从出生到成年，头部只生长7.5cm左右，而腿的生长几乎是躯干的2倍，这就是儿童头部较大的原因（图2-11）。

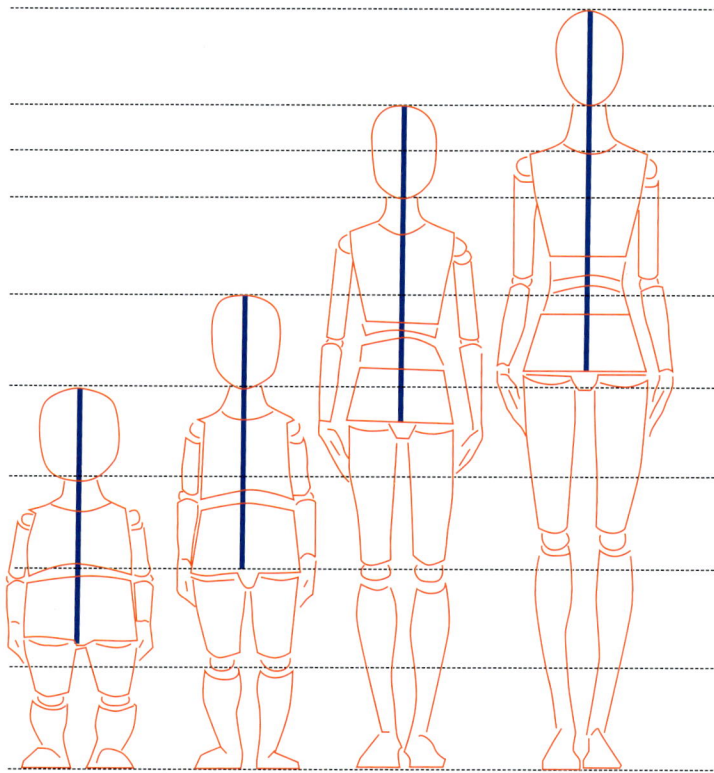

图2-11　儿童人体生长过程的比例变化

一、幼儿

2~3岁，约为4头身，可以用众多的姿态来表现他们短粗的腿，走路不稳、可爱至极的形象。他们看上去很机灵、胖乎乎的，并且好动，颈部、腕部、踝部的描绘应该有褶纹和凹痕。

二、幼童

4~7岁，约为5头身，和幼儿一样，也是胖胖的身体、圆圆的肚皮和不太灵活的小手，这时候的儿童，肌肉还未发育，纯真自然、活泼可爱，女童的体态和男童没有什么差别，不同的仅是头部发饰和服饰。

三、少年

8~12岁，约为7头身，他们有较长的腿和手臂，这时婴儿肥正在逐渐消失，显露出膝盖、肘等部位的骨骼以及第二性征的发育特点，男孩喉结变突出，女孩胸部微隆。这个年龄阶段的儿童的动作特点是夸张的，学校是少年们生活的重要场所，书包、背包等都是主要的配饰（图2-12）。

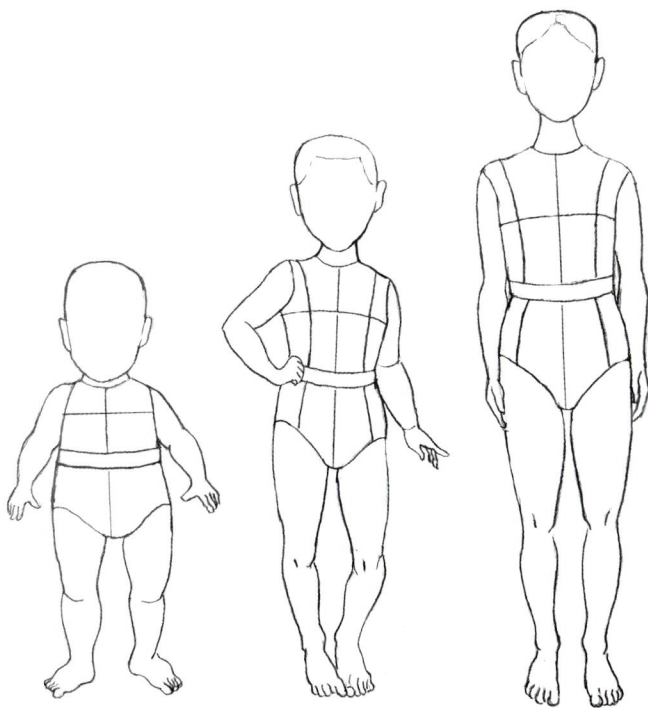

图2-12 幼童与少年人体姿态练习（王德才绘）

四、青少年

13~17岁，约为8头身，在比例上他们修长的身体已趋于成年。青少年们对自己的外貌开始感兴趣，女孩乐于精心打扮，男孩子会伪装出一副雄伟的外貌，女孩偶尔会表现出傲慢和轻佻，模仿成年女性的姿态，同时又带有孩子们特有的天真无邪。表现手法上除运动外，还可以从丰富多彩的校园生活中获取灵感。

作业与练习

根据教材及学习资料，练习画出儿童人体10款（包括幼儿、幼童、少年）。

目的与基本要求：掌握儿童人体的造型特点和基本运动规律，能够较熟练画出儿童人体动态。

第四节
头部的画法

一、眼睛的画法

　　眼睛的变化直接受到人的内在情绪影响：得意时，眉飞色舞；愤怒时，横眉冷目；骄傲时，目中无人；倾心时，目不转睛……我们用眼睛来观察整个世界。在时尚效果图中，往往通过对眼睛和眼神的独到处理来展现绘画风格，加以刻意夸张人体动态。

　　成年男性和女性的眼睛在表现上是有较大的差异的。在绘画中要表现女人的妆容，重点表现眼影的不同色彩和风格，以及妆容和服饰的呼应关系。男人的眉毛比较粗黑、浓重，女人的眉毛一般修剪得纤细妩媚。欧美男性的眼睛长得比较立体，眼窝一般比较深陷。以中、日、韩为代表的东亚男性眼睛，其特征为立体感较弱，眼窝比较平（图2-13）。

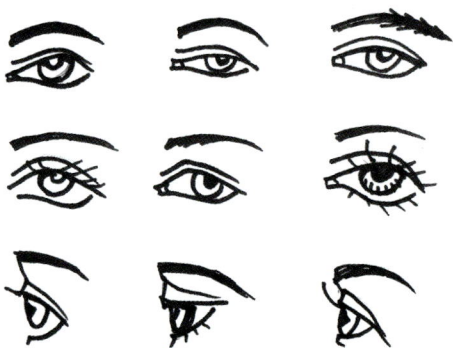

图2-13　眼睛画法（王德才绘）

二、嘴的画法

　　嘴在人的脸部占有重要地位，在时装画中，嘴唇能够体现口红的妆容和色彩（图2-14）。

　　画嘴唇的注意要点：嘴角的凹痕，需要加深处理，效果才会显著；最黑的部分为唇线，嘴角及中间部分要加深；下唇比上唇厚；女性嘴唇较为饱满，男性较为方正。

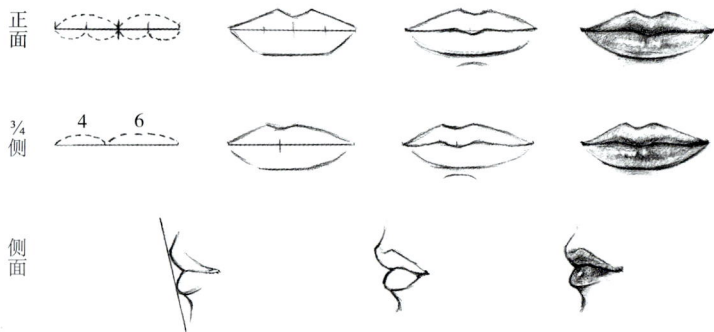

图2-14　嘴的画法（王德才绘）

三、鼻子的画法

鼻子的画法一般比较概括，主要是把鼻头与鼻翼表现出来，注意鼻子的透视关系，鼻翼外缘一般与眼睛中部对齐，鼻孔要简单概括。画侧面时注意鼻梁要高一些，鼻型要俊俏一点儿（图2-15）。

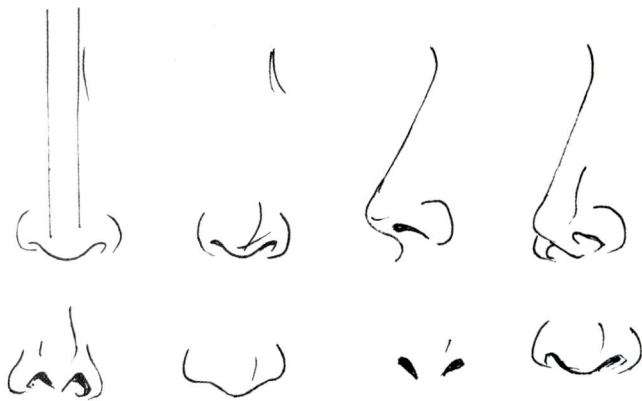

图2-15　鼻子的画法（王德才绘）

四、头部正面的画法

（1）画一个椭圆形，确定头部的形状。

（2）勾勒出脸型，画出颈部、发际线和耳朵轮廓。

（3）确定五官位置，并画出耳朵的细节。

（4）画出眼睛、鼻子、嘴等面部五官。要使眼睛显得有神，鼻子可概括画出，嘴唇要注意唇形的勾勒。

（5）为人物添加发型，发型可分组概括。

（6）清理线稿，完成发型细节，线条粗犷有力（图2-16）。

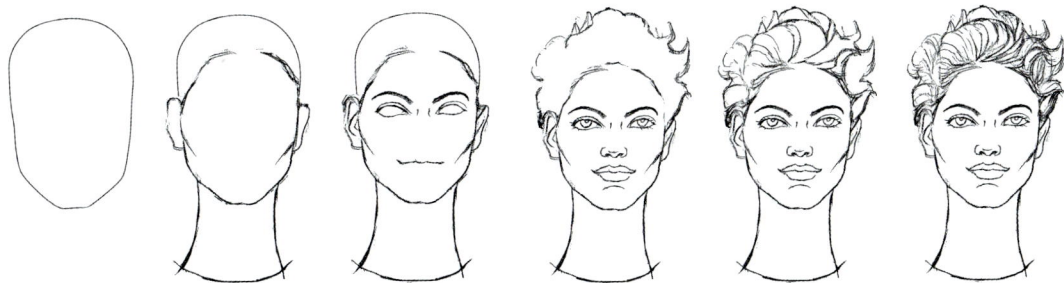

图2-16　头部正面画法

五、头部侧面画法

（1）先画出两个椭圆形，确定头的高、宽，然后在上面画一条直线，代表眼睛的位置。

（2）画出侧面轮廓，注意线条的转折点。

（3）在横线上画出眼睛的大致样子。

（4）再画眼睛、耳朵的细节。

（5）为人物添加头发，注意发丝的走势。

（6）完成发型细节，清理线条，绘制完成。

在绘制侧脸时，可以将整个头部划分为两个部分：以耳朵为中间线，前半部分为脸部，后半部分为后脑勺。用0.1mm的针管笔绘制，能够将发型细节、发丝做出精确表现（图2-17）。

图2-17 头部侧面画法（王德才绘）

六、头发与发型的画法

在时尚效果画中，发型非常重要，发型依据人的面部结构展开。一般要把发型大致分为几组，确定好分组后再画细节，记住一定不要陷入细节，陷入细节就画得比较散乱，没有主次（图2-18）。

图2-18 头发与发型的画法（王德才绘）

作业与练习

　　用线条练习画10款女性头部及发型，5款男性头部及发型，5款儿童头部及发型。

　　目的与基本要求：理解时尚效果图中面部五官的结构特征，了解发型特征，能够熟练画出面部五官及发型。

　　图2-19是学生作业练习。

图2-19　学生作业——头部发型练习图

一、手的画法

在时尚效果图中，手是较难表现的。许多时装画不是手型画得不准，就是比例不对，或者结构错误，没有和身体衔接上。手腕和手的表现关系最为重要，靠近小拇指的骨点是尺骨骨点，靠近大拇指的骨点是桡骨骨点，其中尺骨骨点比较突出，桡骨骨点比较平滑，画的时候要注意把特征表达出来。

观察我们的手掌，首先，手掌像一个向内弯曲的瓦片。其次，手掌是五边形的，过去直观认知是四边形，其实是不对的，因为我们的大拇指和其他四指在运动时是分别运动的，区别于其他灵长动物的重要特征则是握拳（图2-20）。

图2-20　手的画法（王德才绘）

在时尚效果图中，女性的手是纤细而优雅的，可以在正常手型的基础上做适度夸张，整体比例拉长一些，不要把手画得太小（图2-21、图2-22）。

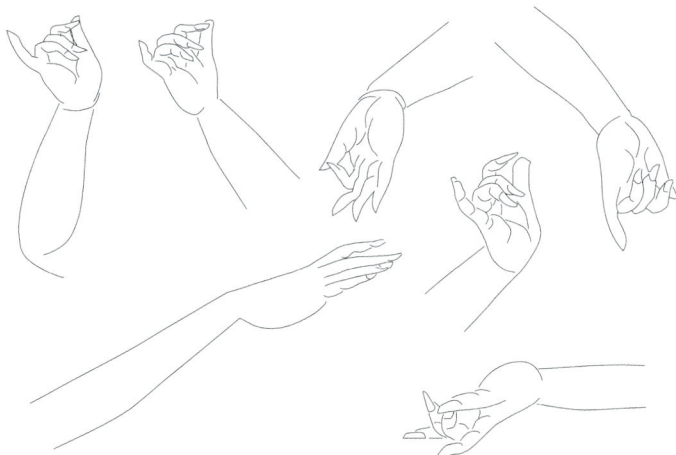

图2-21　传统绘画中手的画法

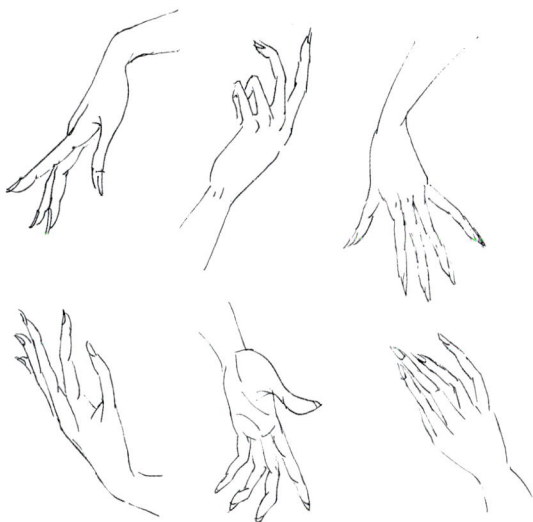

图2-22　时尚效果图中手的画法（王德才绘）

男人的手比女人的手要方一点、硬一些，手指比较粗，手指和手掌的长度比例基本一致。当手在髋骨附近摆造型时，男人的手是靠拇指和其他手指做撑起动作；放松时，手指则是弯曲状态。

二、脚及鞋子的画法

1. 脚的画法

脚是人体的重要组成部分，画好脚对画面能起到锦上添花的作用，让画面更加出彩。

脚部骨骼由三部分组成，分别是跗骨、跖骨、趾骨。脚部的骨骼肌肉与手部的骨骼肌肉在形态上有相似之处，但又有很多的特异点。掌握脚部解剖对速写脚部的理解和刻画起着重要作用。人体运动与脚的关系密切，要注意两只脚的力度对比以及形成的外形变化。脚画得好，人物的重心才会稳，刻画脚时还要考虑脚与腿的动态关系要与人体整体的动态相一致（图2-23）。

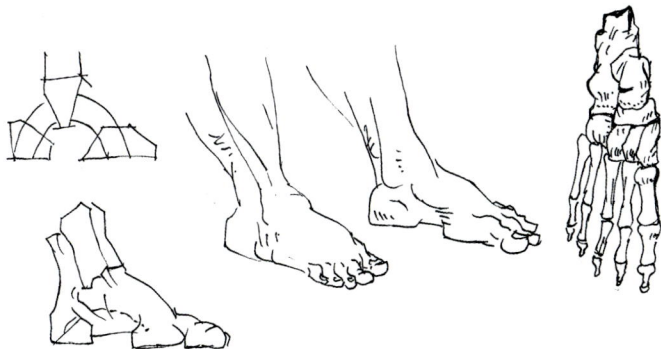

图2-23　脚的骨骼与结构

虽然存在个体差异，但是脚和脸的长度基本相同，脚腕的长度约为脚长的1/3。大脚趾的宽度为其他脚趾宽度的2倍。

脚后跟和大脚趾的第二关节突出，脚心像画弧一样浮起。大脚趾前端向上翘曲，使脚趾弯曲，用脚尖站立时，大脚趾的第二关节部分弯曲。描绘脚的外侧时，也从脚后跟到脚尖平稳地画弧。

脚背内侧较高，越向外侧越低。脚趾顶端及其根部位置，从大脚趾到小脚趾逐渐变低。

脚的基本描绘方法是将长方形分为几个部分。在重点部位——大脚趾、小脚趾、脚后跟的位置上分别画出分界线，整体上勾画出脚的形状，再描绘细节部分（图2-24）。

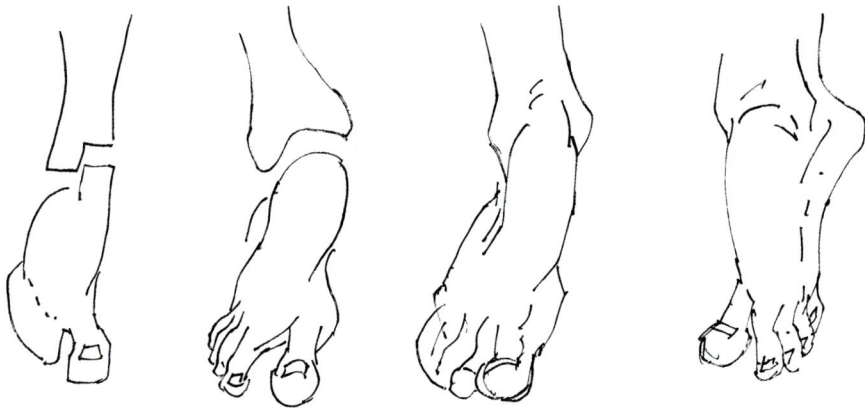

图2-24　脚踝与脚的运动

2. 鞋子的画法

鞋子是服饰中的重要组成部分，脚的结构直接影响鞋子的结构。高端鞋子品牌，在鞋楦研究方面都有自己的机密，好的鞋楦会让人走路不累，感觉很轻松，起到保护脚部各部位的作用。所以说画鞋更要理解这些因素，既要考虑美的因素和流行信息，也要有结构美。

作业与练习

1.练习画10个女模手部造型，10个男模手部造型。

2.练习画10个女鞋侧面角度，5个正面角度，5个半侧角度；5个男鞋侧面角度，3个正面角度，3个半侧角度。体会鞋子的结构和设计规律。

目的与基本要求：理解时尚效果图手部的画法，理解时尚效果图鞋子的画法，并能够熟练画出几个动作。

图2-25是学生作业练习。学生完成手部、鞋子作业之后，教师给每个同学检查作业效果，如果有结构和比例或者动态不准等问题，会拿铅笔帮助同学们修改，并指出错误的原

因，对于画得好的局部练习，教师会在下面打对勾，以示肯定。同时告诉他们，要把画得正确的手和脚记住，特别是手部的姿态比较重要，因为它是人体的第二表情。

图2-25　学生作业——手、鞋子练习图

第三章

着装人物与款式图画法

课题名称：着装人物与款式图画法

课题内容：1.着装人物的画法

2.款式图的画法

课题时间：10课时

教学要求：掌握着装人物的画法，掌握款式图画法。

教学方式：课堂讲解与课堂示范，课堂练习与辅导，案例分析研究。

第一节
着装人物的画法

一、人体动态与服装的关系

人体的动态线在时装画中非常重要，不同类型的衣服适合不同的动态表现，如运动装绘制其动态时要夸张，带有运动特征，展示礼服的姿态要优雅、大方，职业套装则端庄，反映职业特点（图3-1）。

图3-1 人体与着装后的效果（王德才绘）

二、人体与衣纹表现

　　只要掌握了人体的运动规律，就可以随意画出衣纹变化，时装画中的线条可大体分为两类：一是时装的结构线，二是时装的衣纹线。结构线包括时装上的省道、褶裥等。时装的结构线是设计中的有机组成部分，非但不能省略，还要尽量把位置画得准确，要按人体的起伏画。衣纹线是人体活动自然形成的线条，衣纹多产生于人体活动较大的部位，如腰部、胸部、臀部、肘关节、膝关节等。人的手臂弯曲时，会形成折叠衣纹聚集于臂弯处。在人体关节骨点的位置，一定要加强刻画，在贴身的地方，减少甚至不画衣纹。不贴身的地方，按照力的规律来刻画。膝盖髌骨骨点周边的衣纹要围绕着骨点展开，画衣纹的原则是宜少不宜多，简洁生动，与款式无关的衣纹不需要画。衣纹的多少，衣纹线用笔粗细、轻重、疏密与款式的特点以及面料特征息息相关。我们可以通过线条的前后穿插关系表达出空间关系，运用不同的线条线性以及粗细变化来塑造不同面料的质感。例如，丝绸面料运用流畅的线条来体现光滑柔软的质感，挺括的线条来表现毛织物的厚重感（图3-2）。

图3-2　着装后衣纹效果一（王德才绘）

　　画着衣人物时，一定要理解好人体与时装的关系，不能只画服装款式的线条，也不能过分注重人体的线条而忽视了服装款式的线条，时装要穿在人体上，这一点画的时候要用心体会（图3-3）。

图3-3　着装后衣纹效果二（王德才绘）

作业与练习一

　　根据教材及学习资料，练习画出8.5头身女装着衣图10款，可以参照时装图片，也可以临摹服装效果图线稿。

　　目的与基本要求：体会时装与人体之间的关系，理解时尚效果图女装着装线条画法，并能够熟练运用。

　　图3-4~图3-10是作者在效果图课程教学实践中学生的课堂练习作业。在前面讲解了人体的结构和运动规律，学生们对人体与时装之间的关系有了一定的理解。虽然作品的线条有些青涩，但已经能够表现出衣纹的丰富变化，着装人物的画法与人物速写有异曲同工之妙，时尚效果图着装人物的比例是夸张的，而且线条一定要流畅，有一定的装饰性，体现出服饰设计特征。这些作业多为原创，也有少量临摹的优秀作品。

图3-4 2017级学生赵振宏绘

图3-5 2017级学生胡迪绘

图3-6 2019级学生李欣叶绘

图3-7 2017级学生任彩莹绘

图3-8 2017级学生郑佳佳绘

图3-9　2016级学生肖丽媛绘

图3-10　2021级学生夏蔚怡绘

图3-11　2020级学生黄明佳绘

三、男装着装人物画法

和女装衣纹变化一样，只要掌握了人体的运动规律，就可以画出衣纹，而男装的线条相对于女装要更加有力度，粗犷一些，转折的地方画得方正一些，体现出男人的肌肉感和力量感。

根据男装的面料特点，不同的面料会有不同的褶皱，一般男装的面料具有挺括感，如毛纺面料、麻织物、棉纺面料等，这些面料具有不同的质感，画的时候设计师要揣摩不同面料的特性，体会和人体接触产生的褶皱规律，衣褶的穿插关系要表现明确，这样就能比较好地表现衣褶（图3-11）。

作业与练习二

根据教材及学习资料，练习画出8头身男装着装图5

款，可以参照时装图片，也可以临摹服装线稿，也可以写生。

目的与基本要求：理解时尚效果图男装着装线条画法，并能够熟练运用，体会时装与人体之间的关系，用线条语言表现。图3-12~图3-14是学生作业。

图3-12　2020级学生胡婧绘　　　　图3-13　2020级学生金萌萌绘　　　　图3-14　2020级学生张佳仪绘

四、童装着装人物画法

童装的着装练习主要集中在幼童、儿童、少年这些部分。青少年由于发育得和成年人较像，没有必要专门去练习，按照成年人比例画得瘦小一些、动作夸张一些，能反映年龄特征即可。学生要充分地了解儿童体型、脸部比例的微妙变化，对于不同年龄的儿童的衣着款式特征要深入了解。在练习时，可以多参考一些有关儿童生活的书刊、杂志、照片等（图3-15）。

图3-15　2020级学生胡婧绘

作业与练习三

　　根据教材及学习资料，练习画出童装着衣图5款，可以参照时装图片，也可以临摹服装线稿，或者写生，还可以进行着色练习。

　　体会时装与人体之间的关系，并用线条语言表现。

　　目的与基本要求：理解时尚效果图童装着装线条画法，并能够熟练运用，体会童装与人体之间的关系。图3-16~图3-22是学生作业。

图3-16　2016级学生肖丽媛绘

图3-17　2020级学生杨雨鑫绘

图3-18　2020级学生龙心怡绘

图3-19　2020级学生赵欣頔绘

图3-20　2020级学生周钰洁绘

图3-21　2020级学生鲍姝含绘

图3-22　2020级学生张萧纯绘

第二节
款式图的画法

时装款式图又叫时装示意图，它是设计师与制板师、样衣工等设计团队交流的桥梁，要将带有创意性的效果图转化为直观效果的工艺图纸。因此设计师要将效果图配上平面款式图，包括背视图，如果要求很高，还要有侧视图。图中省道、装饰分割线、缉缝明线、口袋，要一一标注明确，同时写上工艺说明，作为时装效果图的转化形式，款式细节、工艺表现都要说明清楚。在看时装表演或者进行市场调查时，也需要快速记录服装特点，一般都是画简略服装款式图。

在绘制的过程中要求比例结构合理，线条清晰明确，画风严谨仔细。我们可以将人台投射到卡纸上，将其裁剪下来，并在上面标注清楚人台中心线、领围线、肩线、胸围线、腰围线、臀围线（图3-23）。

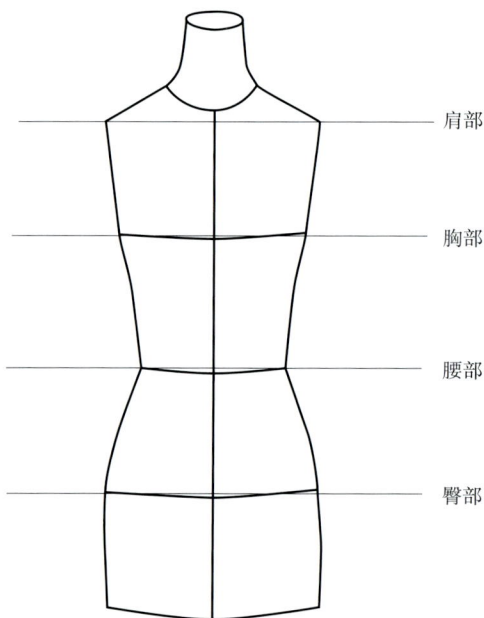

图3-23　人台

一般服装设计大赛中，要求完成4~6款系列效果图，同时要求配上款式图和设计说明、面料小样。

制图工具包括直尺、曲线板、铅笔、针管笔等。

系列领子设计，遵循元素统一、变化多元的原则进行设计，能够体现设计者的设计思路。在画款式图时要注意细节比例，长度和宽度要比例准确（图3-24）。

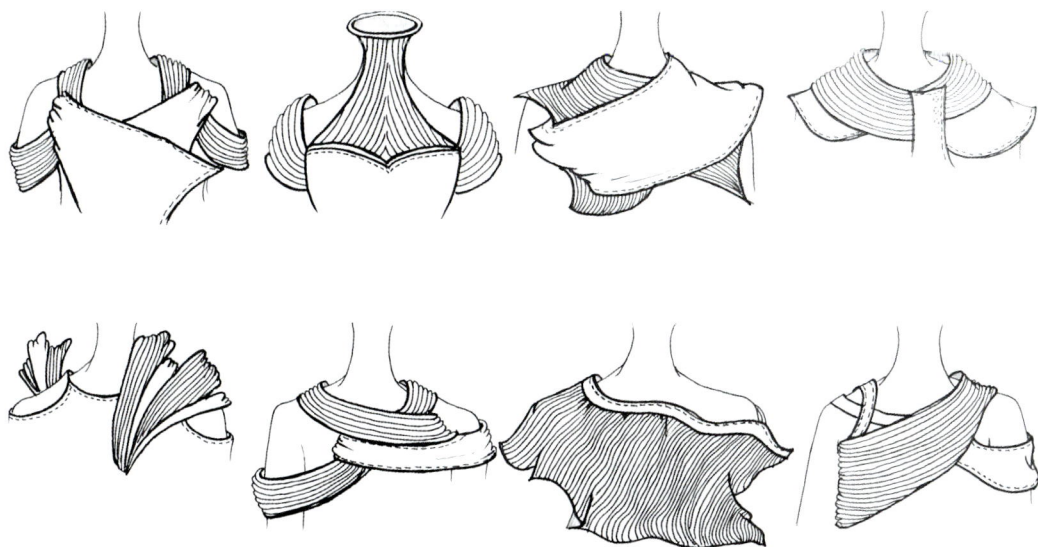

图3-24　领子款式图（2015级学生赵紫嫣绘）

　　口袋设计也要注意细节比例，长度和宽度要比例准确，能反映设计师的设计意图，制板师也能够看到各结构部位形态特征，如缉缝线迹要明确表示出来，哪些是结构线，哪些是装饰线，一目了然（图3-25）。

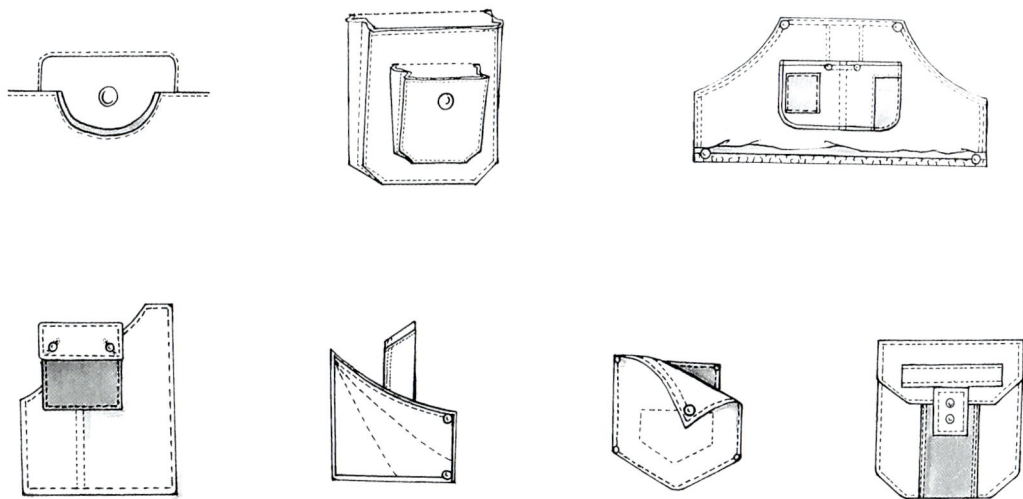

图3-25　口袋款式图（学生作业）

　　款式图的绘制要有一定方法，要准确画出时装款式的整体廓型、内部分割线、省道、褶皱等信息，同时也要把领子、口袋、袖口、门襟、下摆等关键部位的细节比例画得准确无误，还要把明线等服装工艺信息体现出来，它是时装设计师与制板师沟通的桥梁；时尚效果图可以画得写意一点，款式图表现要严谨；款式图包括正视图、背视图、侧视图等多角度图，用来准确表达设计信息（图3-26）。

图3-26　铅笔绘制款式图（学生作业）

图3-27、图3-28是学生作业。

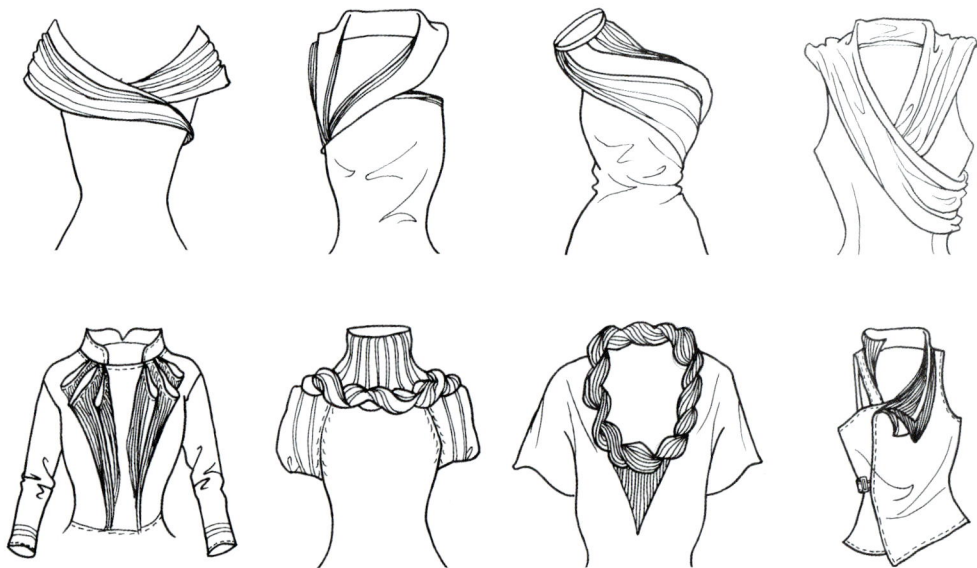

图3-27　上身片款式图（2015级学生雍钰妍绘）

图3-28 裙装款式图（2015级学生曹琦慧绘）

第四章

时尚效果图着色技法

课题名称： 时尚效果图着色技法

课题内容： 1.面部、手部、鞋子等着色法

2.水彩淡彩法

3.水粉平涂法

4.彩色铅笔画法

5.麦克笔画法

6.油画棒、水墨表现技法

7.系列化时尚效果图技法

8.时尚效果图表现手法

课题时间： 24课时

教学要求： 基本掌握时尚效果图各种着色技法，掌握系列化时尚效果图技法，能够运用手绘工具完成服装设计方案。

教学方式： 课堂讲解与示范，课堂练习与辅导，案例分析研究。

图4-1　绘制时尚效果图

时尚效果图表现的画面意境，直接影响设计师设计意图的表达。因此，绘制服装设计效果图是时尚设计师必须具备的设计表达能力。时尚效果图的着色技巧，是时尚设计师应该具备的基本功（图4-1）。

在计算机技术高速发展的今天，手绘时尚效果图依然有它存在的价值。原因很简单，首先，服装设计者通过勾画手绘时尚效果图，可以及时、有效地向对方或客户传达自己的设计理念和意图，它的优势是比较灵活生动，在几分钟内，寥寥几笔就可以表现一定的艺术效果。其次，设计师通过手绘时尚效果图，可以收集、整理所需的大量相关资料，记录瞬间记忆和思维创作的结果。把看似纷乱无序的思维点派生出许多精彩的设计，也就是说，将思维中"虚"的构思落到"实"（时装）的技术手段。因此，它的目的性、功能性始终是第一位。手绘时尚效果图能随时将设计和构思得心应手地绘制出来，使瞬间表达更为准确。同时，手绘时尚效果图具有计算机设计所不能达到的生动性和艺术表现力。

第一节
面部、手部、鞋子等着色法

一、面部着色

五官及发型的着色是最后一步，依据前面我们画的线稿，选出一部分进行着色练习。

首先，用勾线笔画出面部轮廓和发型，画出面部五官，眼睛、眉毛及嘴唇画得精致一点，注意鼻头适当表现，鼻子的画法可以概括。然后，开始着色，用赭石和熟褐画出面部的暗面，发型先要用线条分出组，一组一组地来表现，发型色彩亮面和暗面要有冷暖变化，这样画出来的色彩会比较润泽。最后，画出腮红、口红、眼影，在一般情况下，上唇口红颜色较深，特别是靠近嘴角的部分，下唇颜色较淡，高光也在下唇上。

二、手部着色

依据前面章节学习的手部练习图，从其中选出6~8个手部姿态，做上色练习。首先，用勾线笔勾出手部的线条，勾的时候用笔要有力度，可以借鉴国画的白描手法，同时注意手部线条的穿插关系，一定要符合腕部与手掌、手指的结构关系。然后，开始大面积着色。水彩画法的表现方法是用生褐、熟褐、赭石等色彩画手的暗部，颜料加水调浅画出手的灰面，亮面可以留白或者淡染完成，亮面、暗面有一点冷暖变化会更好。水粉画法用生褐、熟褐、赭石等色彩平涂画出整体色彩，然后暗面调色加深平涂完成，加白或加一点黄平涂画出亮部。如果用麦克笔，一定要选较灰的色彩画出手的形体，切忌用浓烈的色彩画肤色。最后可以勾线画出手的轮廓（图4-2）。

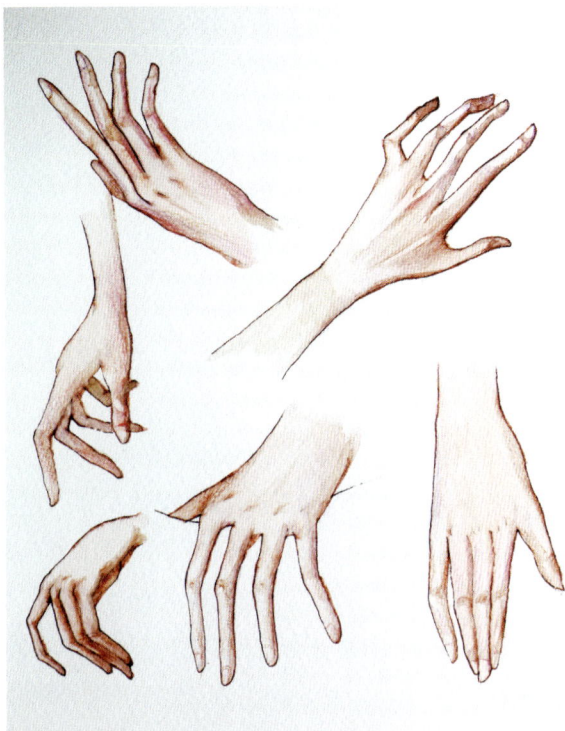

图4-2　2020级学生胡婧绘

三、鞋子着色

依据前面我们学习的鞋子练习图，从中选出6~8个做上色练习。和画手部一样，用勾线笔勾出鞋子的线条，勾的时候用笔要有力度，线条宁方勿圆。鞋是服饰的重要组成部分，所以鞋子也是时装画的重要表现部分，同时，鞋子的设计也是服饰设计的专项之一。在现代社会，鞋子的设计越来越重要，画好鞋子的效果图也一样重要，我们要从中体会设计师的设计理念，也要体会如何设计鞋子（图4-3）。

图4-3　2019级学生孙利佳绘

四、包的画法和着色

包的画法没有一定之规，在造型上一定要注意整体造型和内部分割比例，画出特征和美感，着色时画出包的体积，一般要分出三个面。从暗面开始，亮面和暗面色彩适当增加冷暖变化，会显得比较润泽，在边缘可以利用勾线强调一下造型。一般包的色彩和造型是与服装的色彩和造型统一的。

作业与练习一

要求每个学生从前面的章节中，在面部人物线稿画法作业中选出6~8个，画出色彩稿，以女装人物头像为主，重点画出五官、妆容，主要是口红和眼影的色彩处理，发型的设计与表现也是重点。学生可以用临摹效果图的方式完成，也可以根据面部服饰图片进行绘图，理解面部化妆与发型以及与整体装束的关系，这样做比直接临摹的收获大。

目的与基本要求：掌握面部五官的基本着色方法、掌握各种发型的画法。

图4-4~图4-8是作者在教学实践中学生的课堂练习作业，有些是临摹的作品，有些是根据图片绘制的作品，有些是自己设计的作品。工具以麦克笔、水彩、彩铅、水溶彩铅为主。通过这些图片，我们可以看出同学们较好地完成了课堂练习，有些同学画出了自己的风格，很有想法，令人惊喜。由于篇幅有限，学生作业选以示意。

图4-4 2016级学生王婧麟绘

图4-5　2015级学生刘语绘

图4-6　2015级学生王丽洁绘

图4-7　2015级学生杨培琳绘

图4-8　2016级学生陶静琪绘

作业与练习二

　　要求每个学生从前面章节的手与鞋子黑白画稿中选出6~8个，画出色彩稿。

　　目的与基本要求：掌握手的基本姿态的画法。经过学习使同学们具备熟练画出手部基本姿态的能力。

　　图4-9～图4-11是学生手部练习图，基本符合要求，有的是临摹的作品，有的是依据图片画的作品，主要目的是让学生理解手部的运动及表现特征，因为在时装画中手部基本可以看成是一个难点，有很多效果图整体画得还可以，但手部画得很难看。

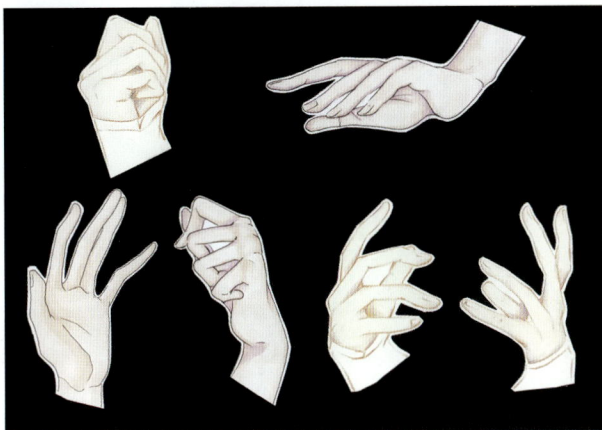

图4-9　2019级学生张筱然绘

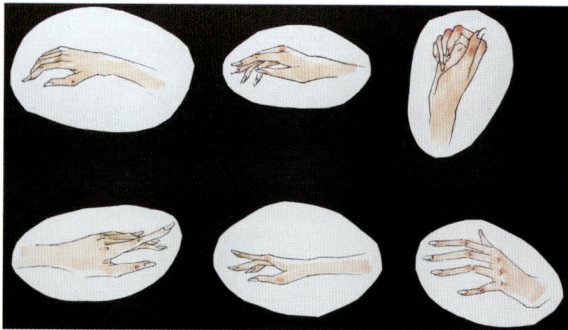

图4-10 2020级学生王雨绘

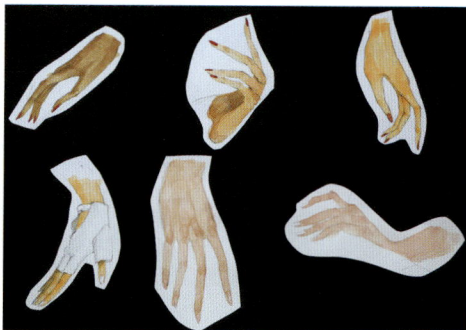

图4-11 2020级学生张佳仪绘

作业与练习三

　　要求每个学生从前面章节的鞋子黑白画稿中，选择侧面角度画6张，正面角度画2张，半侧面角度画2张，画出色彩稿。

　　目的与基本要求：掌握鞋子的各种表现技法与画法。经过学习使同学们具备熟练表现鞋子的能力。

　　图4-12～图4-14是学生作业练习，主要是女鞋的款式。

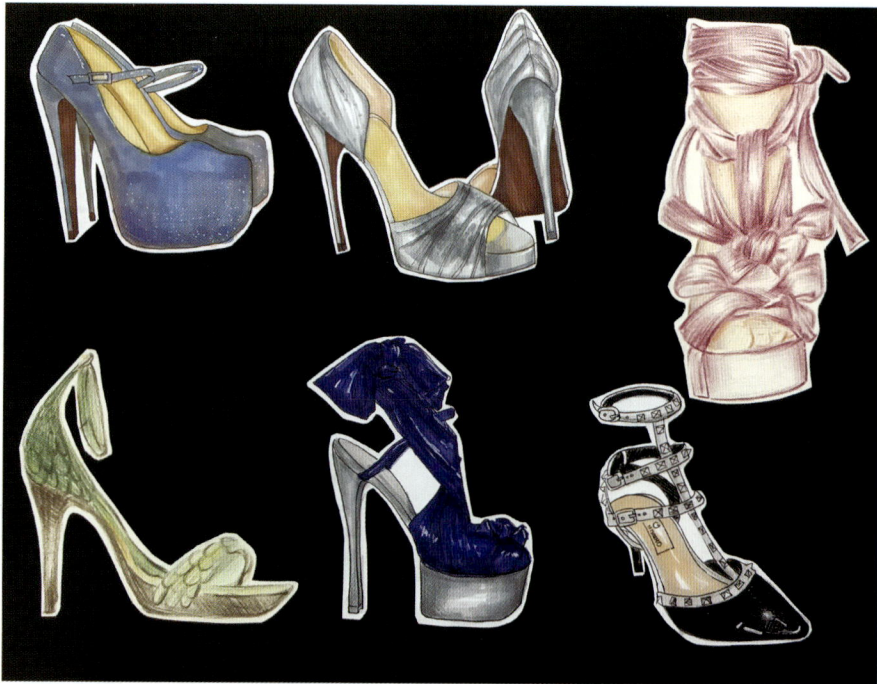

图4-12 2019级学生张筱然绘

图4-13　2019级学生赵雨莹绘

图4-14　2019级学生赖雨萍绘

作业与练习四

　　课堂上由于课时有限，一般不要求学生做包的具体作业，如果布置作业也是选做，或者是课下适当练习（图4-15、图4-16）。

图4-15　2021级学生王昕哲绘

图4-16　2021级学生张泽雨绘

第二节
水彩淡彩法

　　水彩画作为一种表现技法，是设计师们最常用于效果图表现的形式之一。水彩画之所以受到服装设计师的青睐，是因为它具有与众不同的特性。例如，它有着不可替代的透明性，而且有表现快速、颜色易干、色彩层次丰富、表现范围广的特点。

水彩画法对纸张的要求比较高，一般用专门的水彩纸。同样水彩对颜料的要求也比较高，好的品牌色彩细腻、丰富、色彩饱和度高，所以绘画要选好适合自己的品牌。水彩分为锡管和固体块状两种，固体块状包装加水稀释，比较方便，现在比较流行。水彩画法还可与水彩笔、钢笔、铅笔、麦克笔等结合使用，使效果图更丰富多彩（图4-17）。

水彩法时尚效果图绘制步骤如下：

步骤一：用铅笔在草稿纸上画出人体动态。

步骤二：画出服装款式造型，然后用拷贝纸拷贝到水彩纸上。

步骤三：画出肤色，表现整体明暗关系，然后画裙子的主体色彩，表现整体效果。

步骤四：深入刻画，表现裙子的细节。

步骤五：调整各方面关系，整理细节，完成绘图（图4-18）。

图4-17　水彩效果图（肖瑜绘）

图4-18　水彩步骤图（王德才绘）

作业与练习

根据教材及学习资料，练习水彩画表现技法2款，尺寸要求20cm×28cm或者40cm×27cm，纸张使用水彩纸，精细画法用细纹纸，概括画法用粗纹纸。

体会时装与人体之间的关系。

目的与基本要求：学习水彩画法与步骤，并能够熟练运用。

图4-19～图4-25是学生作业练习，有的是原创作品，也有少量临摹作品。

图4-19 2008级学生周虹伊绘

图4-20 2000级学生陈燕妮绘

图4-21 2016级学生郝如琛绘

图4-22 2017级学生郑佳佳绘

图4-23　2020级学生胡婧绘　　图4-24　2020级学生皇科迪绘　　图4-25　2020级学生俎泽宇绘

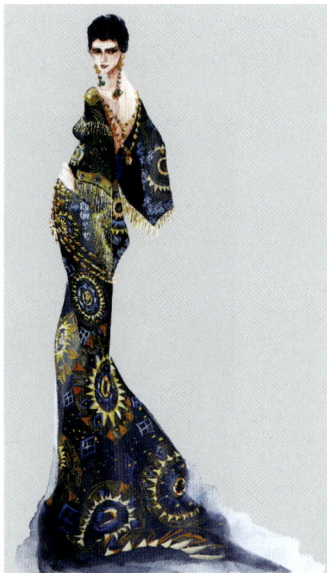

第三节
水粉平涂法

　　水粉平涂法是使用材料最方便的一种画法，水粉对于美术生而言是最熟悉的材料之一。方法分为四步：

　　第一步：起稿，画出人体和服装款式。

　　第二步：用拷贝纸拷贝到正式画稿上，正式画稿的纸张采用水粉纸或水彩纸，如果有勾线，可以用没有纸纹的背面。

　　第三步：上颜色。先由大面积色彩开始，用平涂的方法画出服装和肤色的主色，然后，用小笔画出暗面和阴影部分，最后用较浅的色彩提一下高光和亮面，用笔要流畅。

　　第四步：调整一下整体色彩。注意亮面和暗面色彩不要是简单的加深和变淡，要有一些冷暖对比，画出的色彩就会比较温润。

　　以上是较传统的方法步骤。对于我们来说，水粉画法可以活学活用，只要能把设计效果表现出来，都可以大胆尝试。例如，水彩与水粉结合，一部分厚涂，另一部分渲染薄涂，会出现意想不到的效果（图4-26）。

图4-26　水粉平涂时尚效果图（北京服装学院邹游绘）

作业与练习

根据教材及学习资料，练习画水粉表现技法2款，可以临摹也可以自己设计。尺寸要求20cm×28cm或者40cm×27cm，纸张使用水粉纸。

目的与基本要求：掌握水粉画法与步骤，并能够熟练运用。

图4-27~图4-29是部分学生作业。

图4-27　1997级学生刘秀美绘

图4-28　1999级学生徐榕绘

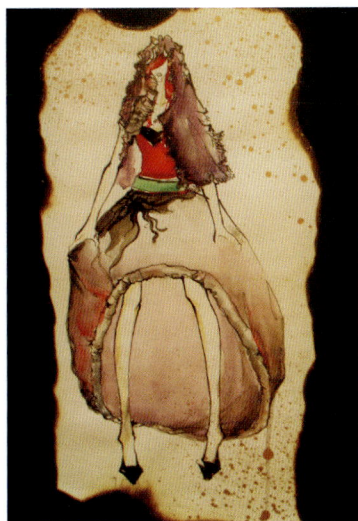

图4-29　2008级学生崔美玲绘

第四节
彩色铅笔画法

彩色铅笔是一种比较好用的涂抹工具，方法和铅笔画素描一样，如果涂得薄，可以用橡皮涂改。主要方法是用笔涂抹暗部和灰面来表现立体感。要想效果画得好，对彩铅和纸张的质量要求高。纸张最好选用有一定纸纹的纸张，光滑的白板纸不太适用。彩色铅笔画法适合对面部化妆、发型以及肤色等局部进行处理，不适合大面积涂色，调色功能不强，色彩表现力也不强，但好处是能够快速出效果，所以此画法适合做设计小稿（图4-30）。

图4-30　1997级学生卢蕾绘

作业与练习

根据教材及学习资料，练习画彩色铅笔表现技法1款，既可以临摹也可以自己设计。尺寸要求20cm×28cm或者40cm×27cm，纸张使用水粉纸。

目的与基本要求：学习彩色铅笔画法与步骤，并能够熟练运用。

图4-31~图4-33是部分学生作业。

图4-31　2018级学生李欣叶绘

图4-32　2016级学生黄薇绘　　图4-33　2021级学生张泽雨绘

第五节
麦克笔画法

一、材料简介

　　麦克笔也叫马克笔，音译，它的颜料具有易挥发性，是快速绘图表现工具。按材料性能可以分为油性麦克笔、酒精性麦克笔、水性麦克笔三大类。其中油性麦克笔快干、耐水，而且耐光性相当好，颜色多次叠加不会伤纸，色彩柔和；酒精性麦克笔可在任何光滑表面书写，速干、防水；水性麦克笔则颜色亮丽，有透明感，但多次叠加颜色后会变灰，而且容易损伤纸面（图4-34）。

　　使用方法：麦克笔的宽头一般用来大面积的润色，宽头线清晰工整，边缘线明显；细笔头表现细节，能画出很细的线，力度大、线条粗；麦克笔侧锋也可以画出纤细的线条，同样力度大、线条粗。

图4-34 麦克笔时尚效果图（清华大学美术学院肖文凌绘）

二、基本步骤

1. 起稿

首先最好用铅笔起稿，再用钢笔把骨线勾勒出来，勾骨线的时候要放得开，然后使用麦克笔。麦克笔也是要放开，要敢画，可以夸张，突出主题，使画面有冲击力，吸引人。

粗头麦克笔用于大面积涂色，细头麦克笔用于勾线和细节表现，对于阴影部分来说，深色可以覆盖住浅色，为了使边缘清晰，可任意在干透的底色后覆盖，如果要求两个颜色的边缘相融合，那么底色必须是湿的，由于麦克笔属于快干型颜料，所以湿接时一定要迅速。

2. 叠加

先用冷灰色或暖灰色的麦克笔将图中基本的明暗调子画出来，颜色不要重叠太多，会使画面变脏。必要的时候可以少量重叠，以达成更丰富的色彩。

注意事项：在运笔过程中，用笔的遍数不宜过多。在第一遍颜色干透后，再进行第二遍上色，而且要准确、快速，否则色彩会渗出而形成混浊之状，没有了麦克笔透明、干净的特点。用麦克笔表现时，笔触大多以排线为主，所以有规律地组织线条的方向和疏密有利于形成统一的画面风格。可运用排笔、点笔、跳笔、晕化、留白等方法，需要灵活使用。麦克笔覆盖力不强，浅颜色无法覆盖深色，在绘制效果图中，应该先上浅颜色而后覆盖较深重的颜色，并且要注意色彩之间的相互和谐，切忌用过于鲜艳的颜色，要以中性色调为主。

作业与练习

　　根据教材及学习资料，进行麦克笔表现技法练习，数量为3款，可以临摹，也可以自己设计。尺寸要求20cm×28cm或者40cm×27cm，纸张使用水粉纸。

　　目的与基本要求：学习麦克笔画法与步骤，并能够熟练运用。

　　和其他表现手法一样，尽量先练习单款，既可以从临摹入手，揣摩麦克笔用笔和用色方法，也可以先参考时装图片，逐步进行独立设计。独立设计时会遇到很多困难，画的没有临摹的效果好是正常的，多画才能找到适合自己的方法和技巧。图4-35~图4-41是学生练习，有的作品还有些稚嫩，有些同学已经开始有了自己的风格追求。

图4-35　2015级学生宋敬绘

图4-36　2015级学生张静绘

图4-37　2016级学生宋晓琳绘　　　图4-38　2017级学生王思诺绘　　　图4-39　2017级学生郑佳佳绘

图4-40　2019级学生李析锦绘　　　图4-41　2019级学生刘雅如绘

第六节
油画棒、水墨表现技法

一、油画棒表现技法

　　油画棒看似蜡笔，其实与蜡笔有很大不同。它是一种油性绘画材料，可以直接涂抹在纸张上，手感细腻、混色性能好，能充分展现油画效果，满足各种绘画技巧难度需求。油画棒不容易折断，用时可以用小刀削成尖状来画较细的线条，表现面时可以直接涂抹，颜色鲜艳，在纸面附着力、覆盖力强。在效果图表现中有特殊作用，如表现针织粗纹的毛衣时，可以先用油画棒绘制图案作为底色，然后用水粉或水彩平涂，会出现意想不到的自然肌理。由于油画棒是油性材料，水粉是水溶材料，只要画过油画棒的部分，水粉会无法上色，具有防染效果（图4-42、图4-43）。

图4-42　2000级学生黄秀琼绘

图4-43　2000级学生王颖绘

二、水墨表现技法

　　水墨表现技法，是在借鉴了中国国画水墨大写意技法的基础上演变而来的，材料是墨和中国画颜料，纸张是生宣纸，笔墨不容易掌握，画时首先用铅笔轻轻打个稿，再用枯笔勾出线条，然后果断用墨彩表现（图4-44）。

图4-44　水墨效果图（王德才绘）

第七节
系列化时尚效果图技法

　　当我们已经熟练应用以上的各种绘画工具绘制效果图时，单纯地运用某种工具，会有各种不足。所以，应利用各种绘画材料的优点，表现不同质地，即油画棒、麦克笔与彩铅、水彩、水粉等工具结合使用，使画面出现各种意想不到的效果。在设计实践中，应该拓展我们的思维，进行多种多样的艺术手法创作，来表达设计理念。

　　前面我们学习了各种材料表现技法，现在开始学习系列化时尚效果图技法。系列化时装是一组相关联的服装群，设计中遵循元素少、变化多的原则，这时设计难度要比单独一款有所增大，要先进行设计构思和资料收集，然后进入草图设计，在设计草图完成时，画设计图前，首先要安排构图，一般系列化设计为4款左右，这时如何安排好每一个模特的动作和位置，需要动脑筋，好的构图形式会增加设计作品的艺术感染力。构图完成后，色彩要考虑好主色、辅助色、点缀色的组织搭配，色彩不宜多，每一个系列都要形成独特的色调，同时考虑用什么面料，要把面料的材质特点表达好。

作业与练习

　　根据教材及学习资料，进行系列化时尚效果图技法练习。

　　1.双人组合2张。

　　2.系列组合（3~4人）2张。

　　每种其中一张可临摹，一张独立设计。尺寸要求40cm×27cm，纸张可以使用水粉纸、水彩纸、白板纸。

　　目的与基本要求：掌握系列化时尚效果图技法并能够熟练运用。

　　图4-45~图4-64是学生作业练习，大部分是原创作业，也有少量临摹作业。

图4-45　双人组合（2016级学生王婧霓绘）

图4-46　双人组合（2017级学生董津邑绘）

图4-47　三人组合（2018级学生李梓潼绘）

图4-48 系列化设计（2016级学生吴阿瑶绘）

图4-49 系列化设计（2016级学生张婷婷绘）

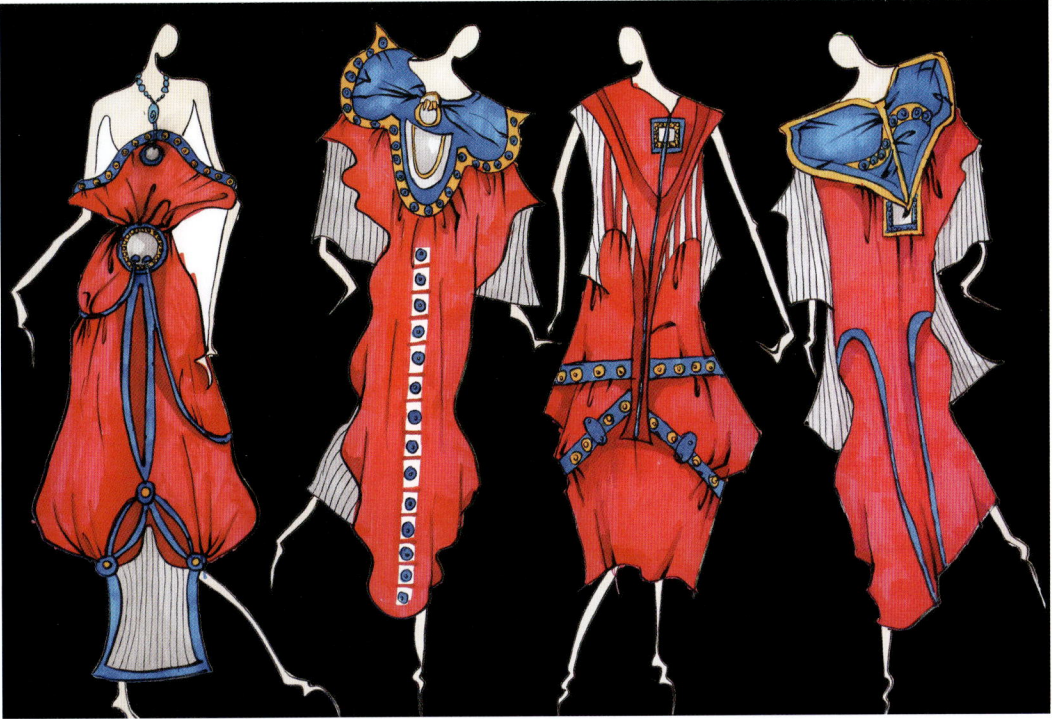

图4-50　系列化设计（2016级学生王雪绘）

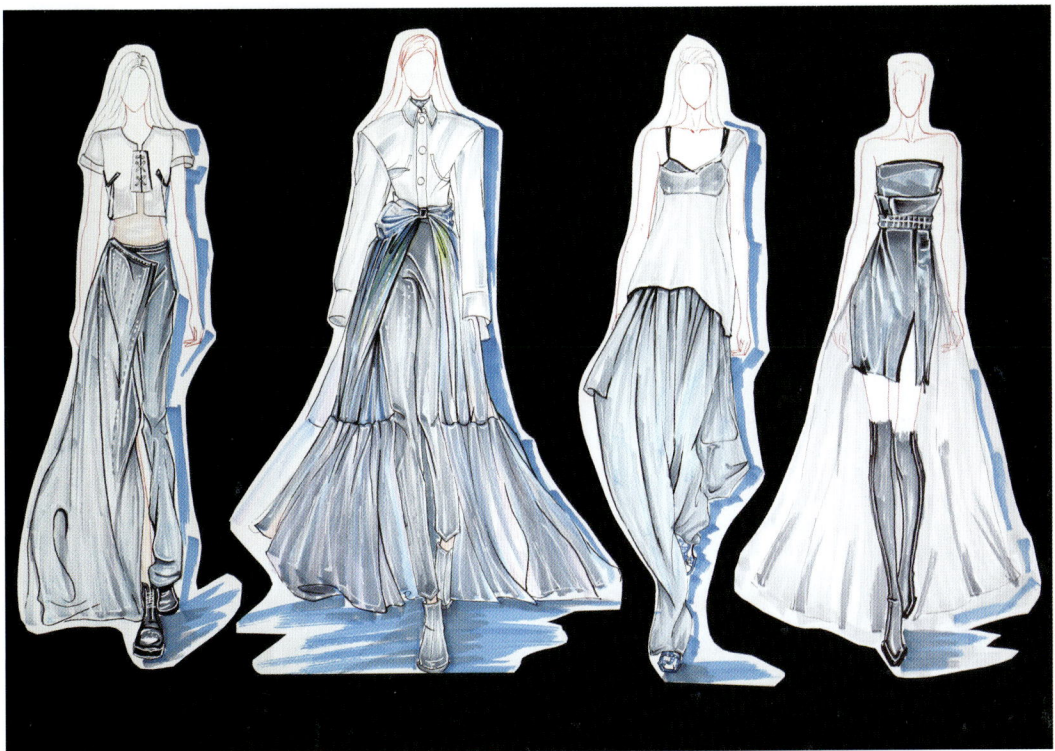

图4-51　系列化设计（2017级学生马滢绘）

图4-52　系列化设计（2018级学生熊婷绘）

图4-53　系列化设计（2018级学生王娇娇绘）

图4-54 系列化设计（学生作业）

图4-55 系列化设计（2018级学生王意涵绘）

图4-56 系列化设计（2019级学生李若男绘）

图4-57 系列化设计（2019级学生徐慧绘）

图4-58　系列化设计（2020级学生杨泽宇绘）

图4-59　系列化设计（2020级学生赵欣頔绘）

图4-60　系列化设计（2020级学生鲍姝含绘）

图4-61　系列化设计（2022级学生齐源绘）

图4-62 系列化设计（2020级学生石镇东绘）

图4-63 系列化设计（2023级学生严乙芳绘）

图4-64　系列化设计（2023级学生张佳欣绘）

第八节
时尚效果图表现手法

时尚效果图的表现手法，从表现立意大体可以分为四种，分别是写实手法、装饰手法、夸张手法、概括手法。

一、写实手法

写实手法是按照时装设计完成后的真实效果进行描绘，由于这种风格的写实性，绘制需要一定的时间，面部五官刻画深入，细节到位，面料特征充分表现。刚开始练习或者长时间作业，可以用写实手法表现（图4-65）。

图4-65　写实手法（Xunxun-Missy）

二、装饰手法

　　装饰手法，即抓住时装设计构思的主题，将设计图按一定的美感形式进行适当的变形、夸张等艺术处理，最后将设计作品以装饰的形式表现出来，便是装饰风格的时装画。装饰风格的时装画不仅可以对时装的主题进行强调、渲染，还能将设计作品进行必要的美化，形式、风格、手法多样（图4-66）。

图4-66　装饰风格时装画（许可扬绘）

图4-67 夸张手法效果图

三、夸张手法

夸装手法和装饰手法一样，常常用在时装插画的表现中，人体比例可以夸张到20个头长，体现女性纤长的腰身、更为细长的腿，以优美的动态来展现时装的优雅（图4-67）。

四、概括手法

设计师们的工作往往是紧张、忙碌的，所以平时并不太愿意采用写实方法来绘制效果图，于是就用概括画法来表现，面部可以用艺术手法简略处理。概括画法并不好表现，需要扎实的基本功，超强的概括能力，来进一步提炼造型。如图4-68所示为著名华裔设计师Vera Wang的作品，作品大气、简约、优雅，结构线准确生动。

图4-68 概括手法效果图（Vera Wang绘）

第五章

计算机辅助表现技法

课题名称：计算机辅助表现技法

课题内容：1.图像设计软件表现技法

2.图形设计软件表现技法

课题时间：24课时

教学要求：基本掌握设计软件表现技法，能够根据设计构思利用设计软件独立完成服装设计方案。

教学方式：课堂讲解与示范，课堂练习与辅导，案例分析研究。

第一节
图像设计软件表现技法

　　图像设计软件是我们运用计算机绘制时尚效果图的理想工具，其中Photoshop软件是目前最优秀的图像处理软件，它的诞生快速推动了设计各领域的技术革命，在服装效果图绘制领域也得到了前所未有的发展，它能够快速地帮助设计人员表达设计意图，同时节省了大量的时间，而且便于图稿的储存与修改，拥有手绘效果图无法比拟的优势，现已广泛应用于各大服装服饰设计公司之中。

一、Photoshop软件介绍

1. 分辨率

　　分辨率（Resolution）就是屏幕图像的精密度，是指显示器所能显示的像素点的多少。由于屏幕上的点、线和面都是由点组成的，显示器可显示的点数越多，画面就越精细，同样的屏幕区域内能显示的信息也越多，所以分辨率是非常重要的性能指标之一。

2. 色彩模式

　　Photoshop共有两种色彩模式。

　　（1）RGB色彩模式使用RGB模型，为图像中每一个像素的RGB分量赋予一个0~255范围内的强度值。例如，纯红色R值为255，G值为0，B值为0，灰色的R、G、B三个值相等（除了0和255），白色的R、G、B都为255，黑色的R、G、B都为0。RGB图像只使用三种颜色并将它们按照不同的比例混合，可以在屏幕上呈现16777216种颜色。在RGB模式下，每种RGB成分都可使用从0（黑色）到255（白色）的值。

　　（2）CMYK模式主要针对印刷媒介，即基于油墨的光吸收/反射特性，眼睛看到的颜色实际上是物体吸收白光中特定频率的光而反射其余的光的颜色。每种CMYK四色油墨可使用从0至100%的值。最亮颜色指定的印刷色油墨颜色百分比较低，而较暗颜色指定的百分比较高。

3. 图层、蒙版、通道

　　（1）图层。将Photoshop中的图层看成透明画板，其中一张放在其他画板最上面。如果图层上有些区域没有图像，可以看到这部分区域底下的图层。在所有图层之后是背景层，其中有普通层、背景层、调节层和文字层之分。

（2）通道。通道与图层一样，实质上也是将图像分成独立的几个部分，不过分割的不是距离的远近，而是色彩的不同。通道指独立存放图像的颜色信息的原色平面。我们可以把通道看作是某一种色彩的集合。一般RGB图像有三个默认通道，分别用于红、绿、蓝通道；另外，加上一个用于编辑图像的复合通道。

（3）蒙版。蒙版就是选框的外部（选框的内部就是选区）。蒙版一词本身来自摄影暗房应用，即"蒙在上面的板子"。Photoshop中的蒙版通常分为四种，即图层蒙版、剪贴蒙版、矢量蒙版和快速蒙版。蒙版的主要目的是建立透明区域，用于修图和图层融合。

4. 文件格式

文件格式是一种将文体以不同方式进行保存的格式。在Photoshop中常见的格式有PSD、PDF、JPEG、GIF、TIFF等。

PSD格式是Photoshop的固有格式，可以比其他格式更快速地打开和保存图像，很好地保存图层、通道、路径及压缩方案，不会导致数据丢失等，但是很少有应用程序支持这种格式。

PDF格式是可携带文件格式，它是一种跨操作系统平台的文件格式。可将文字、字体、图形、图像、色彩、版式及与印刷设备相关的参数等封装在一个文件中，在网络传输、打印和制版输出中保持页面元素不变，还可以包含超文本链接、音频和视频等电子信息。集成度和安全可靠性都较高。

JPEG格式是我们平时最常用的图像格式。它是一个最有效、最基本的有损压缩格式，被绝大多数的图形处理软件所支持。JPEG格式的图像还广泛用于网页的制作。

GIF格式是输出图像到网页最常采用的格式。GIF采用LZW压缩，限定在256色以内的色彩。

TIFF格式使用LZW无损压缩方式，大大减少了图像尺寸。另外，TIFF格式可以保存通道，这对于图像是非常有益的。

二、绘制准备

在了解Photoshop基础知识后，下面学习一下Photoshop的基本操作方法，然后按照下面的方法绘制时尚效果图。

在绘制效果图之前，首先要建立一个人体库，最好的办法是手绘一些服装人体姿态（图5-1），或者通过计算机光标直接绘制人体姿态（图5-2）。也可以利用课本中的人体姿态，通过手机或数码相机输入计算机中，注意分辨率不要太小（扫描仪设定为300像素/英寸以上，数码相机500万像素以上）。也可以收集写实方法绘制的人体，注意像素不要太小，以免影响画面质量。建好人体库以备用。

其次，我们可以用计算机自己设计一些面料，也可以从图库收集一些面料资料，或者去面料市场用手机或数码相机拍摄一些优质面料，注意分辨率不要太低。建立一个面料的文件夹，储存起来备用（图5-3）。

图5-1　手绘人体姿态（王德才绘）

图5-2　计算机光标绘制的人体姿态（2007级学生高思敏绘）

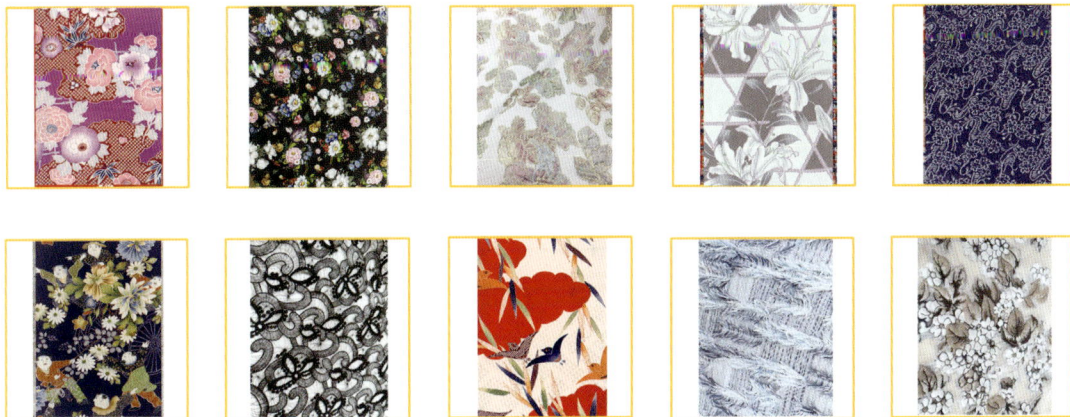

图5-3　面料收集

三、绘制方法

1. 正面效果图绘制

（1）建立新文件。运行Photoshop软件，在【文件】菜单里选择【新建】菜单，或者用【Ctrl】+【N】，会自动弹出一个对话框，文件名称自定义，宽度为20厘米，高度为28厘米（这种尺寸适合A4打印，比A4尺寸略小），分辨率为144~300像素/英寸（值越高图像越清楚），模式为RGB颜色（RGB颜色模式支持打印机，打印效果好，若该图要印刷就要转成CMYK模式），白背景（图5-4）。

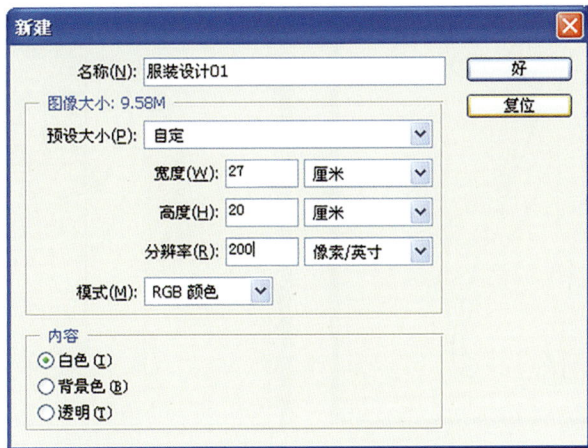

图5-4　建立新文件

（2）选择服装人体。打开人体图库，选择一个人体图打开，然后在工具箱中选择魔棒工具，将魔棒放在人体以外区域，形成选区，然后在选择菜单中选择反选，将人体选中。也可以用套索工具勾描人体，形成选区，这样做比较快速。魔棒工具不如套索工具准确（图5-5）。

图5-5　选择服装人体

（3）置入人体。激活工具箱中的移动工具，光标自动变为移动标志，将形成选区的人体图直接拖入到新建立的文件中，也可以通过在人体文件中使用快捷键【Ctrl】+【C】（拷贝），然后到新建文件中用【Ctrl】+【V】（粘贴）完成，接着用【Ctrl】+【T】调节人体到合适大小（图5-6）。

（4）修改图层名称。打开图层状态栏（按下【F7】键），将新建图层名称修改为"人体"，这样便于后续操作（图5-7）。

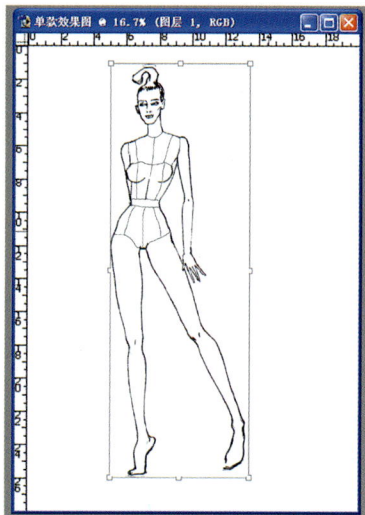

图5-6　置入人体

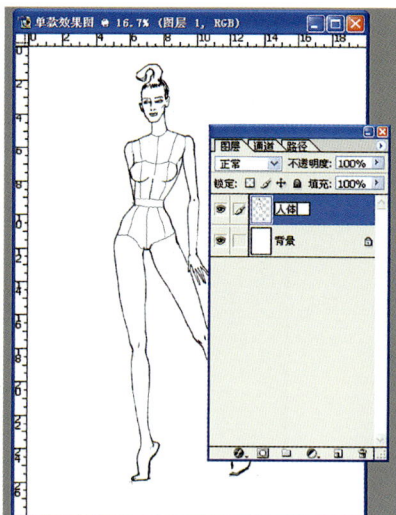

图5-7　修改图层名称

（5）填充背景色。将图层状态栏背景层激活，在工具箱中激活拾色器，选择合适的前景色（图5-8），再用【Alt】+【Backspace】填充颜色，完成背景填充（图5-9）。

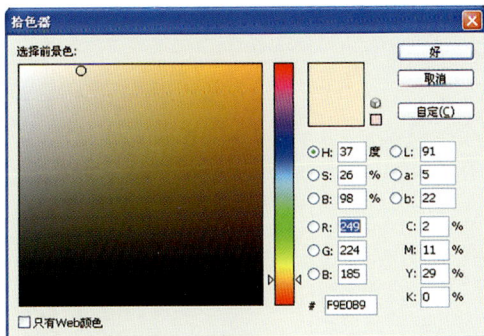

图5-8　选择合适的前景色

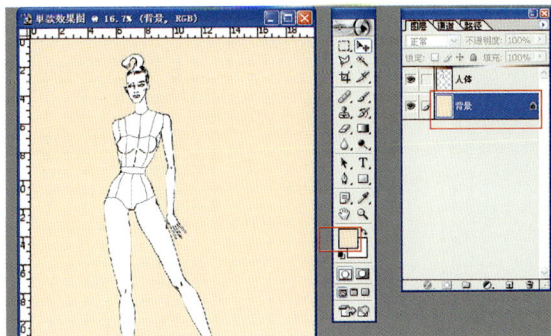

图5-9　完成背景填充

（6）填充皮肤色。选择工具箱中的魔棒工具，选中人体外的区域，然后在选择菜单中选择反选命令，建立一个新图层，放在人体图层上面。在工具箱中激活拾色器，选择合适的前景色，再用【Alt】+【Backspace】填充皮肤色。在图层属性中选择正片叠底，使人体层和本层融合在一起。调节不透明度滑块，使皮肤色变透明（图5-10）。

（7）调节皮肤色。在皮肤色图层中，选择工具箱中的加深工具，调节状态栏中画笔大小、范围、曝光度等参数，根据人体结构，用加深工具画出人体暗面，使人体变立体，高光处用减淡工具完成（图5-11）。

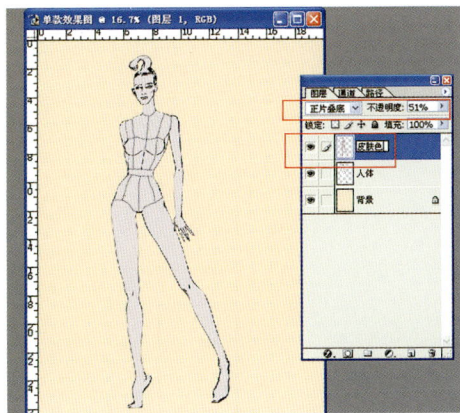

图5-10　填充皮肤色

图5-11　调节皮肤色

（8）画服装。建立一个新图层，命名为"服装"，然后选择工具箱中的画笔工具，调节状态栏中画笔大小、模式、不透明度、流量等参数，调出自己喜欢的笔触，同时在拾色器中选择颜色，挪动鼠标，画出服装（图5-12）。

（9）完成服装绘制。继续用画笔工具，调节状态栏中画笔大小、模式、不透明度、流量等参数，调出自己喜欢的笔触，同时在拾色器中不断选择颜色，挪动鼠标，完成服装绘制（图5-13）。

图5-12　画服装

图5-13　完成服装绘制

2.侧面效果图绘制

（1）建立新文件。运行Photoshop软件，在【文件】菜单里选择【新建】菜单，或者用【Ctrl】+【N】，会自动弹出一个对话框，文件名称自定义，宽度为20厘米，高度为28厘米，分辨率为144~300像素/英寸（值越高图像越清楚），模式为RGB颜色（RGB颜色模式支持打印机，打印效果好，若该图要印刷就要转成CMYK模式），白背景（图5-14）。

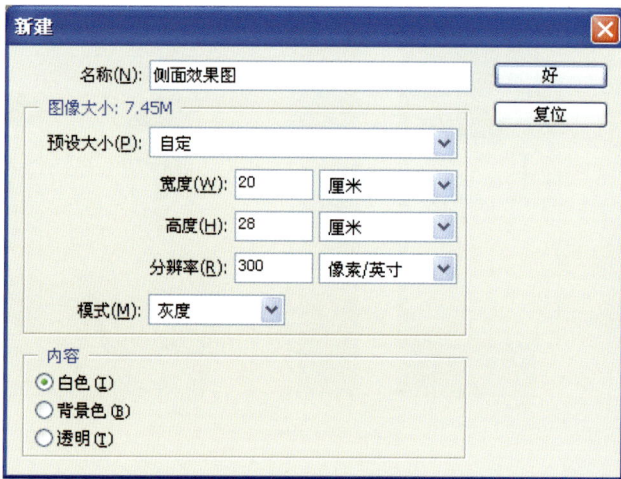

图5-14　建立新文件

（2）选择服装人体。在工具箱中选择拾色器，用编辑菜单中填充选项，将背景填充一个颜色（图5-15）。打开人体图库，然后选择一个人体图打开，拖到新建图中，并用编辑菜单中自由变换选项，调节人体到合适大小（图5-16）。

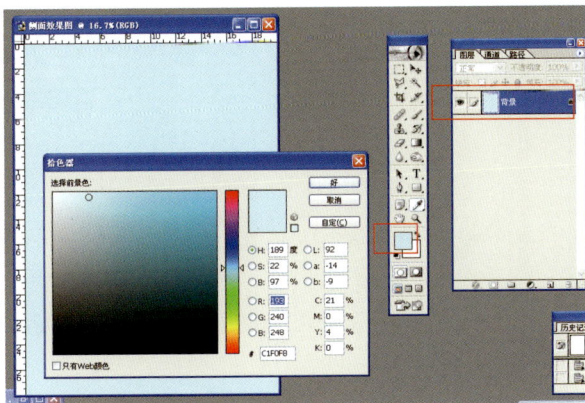

图5-15　填充背景颜色

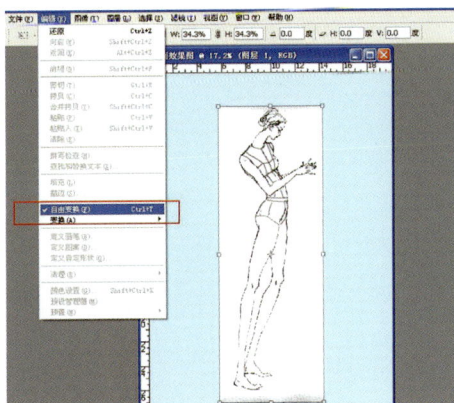

图5-16　调节人体图大小

（3）处理人体廓型。在工具箱中选择橡皮工具，调节橡皮状态栏中的画笔大小、模式、不透明度、流量选项，将人体以外区域擦掉，注意边缘要柔和一些，并将新图层命名为人体。如果背景色是一个统一色彩，也可以用魔棒选择背景后，在【选择】菜单里选择【反选】，再按下删除键将背景删除，两种方法都能达到目标（图5-17）。

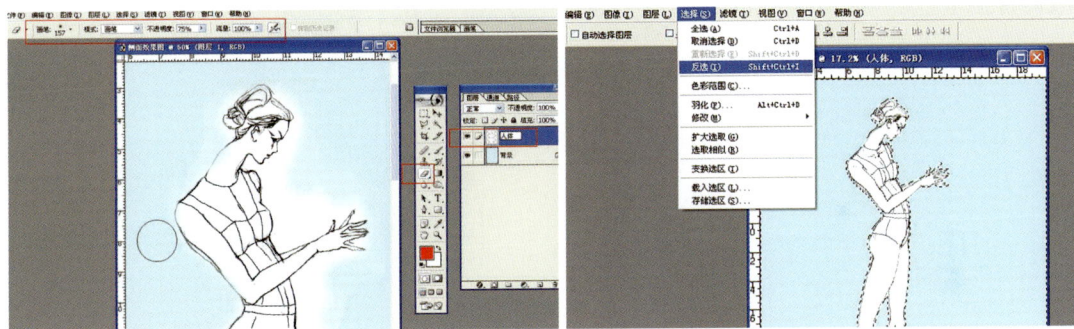

图5-17　处理人体廓型

（4）填充皮肤色。建立一个新图层，命名为"肤色"，并将其放在人体图层上面，在工具箱中激活拾色器，选择合适的前景色，再用【Alt】+【Backspace】填充皮肤色。或者在编辑菜单下选择"填充"，弹出对话框后选择前景色，完成填充。在图层属性中选择正片叠底，使人体层和本层融合在一起。调节不透明度滑块，使皮肤色变透明（图5-18）。

（5）调节皮肤色。在皮肤色图层中，选择工具箱中的加深工具，调节状态栏中画笔大小、范围、曝光度等参数，根据人体结构，用加深工具画出人体暗面，使人体变立体，高光处用减淡工具完成（图5-19）。

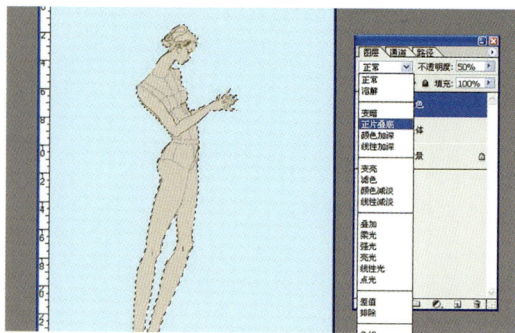
图5-18　填充皮肤色

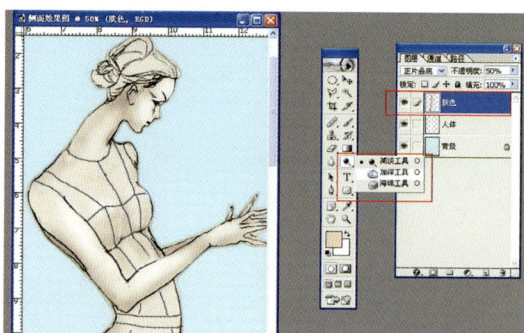
图5-19　调节皮肤色

（6）画头发。在皮肤色图层上，新建一个图层，命名为"头发"，用工具箱中的画笔工具选择拾色器中的不同颜色，调节状态栏中画笔大小、模式、不透明度等参数，按照结构画出头发，直到满意为止（图5-20）。

图5-20　画头发

（7）选择面料。从面料库中选择一块面料，在图像菜单中选择调整选项中的色相/饱和度（【Ctrl】+【U】），调节色相、纯度、明度滑块，获得理想的面料色彩，直到满意为止（图5-21）。

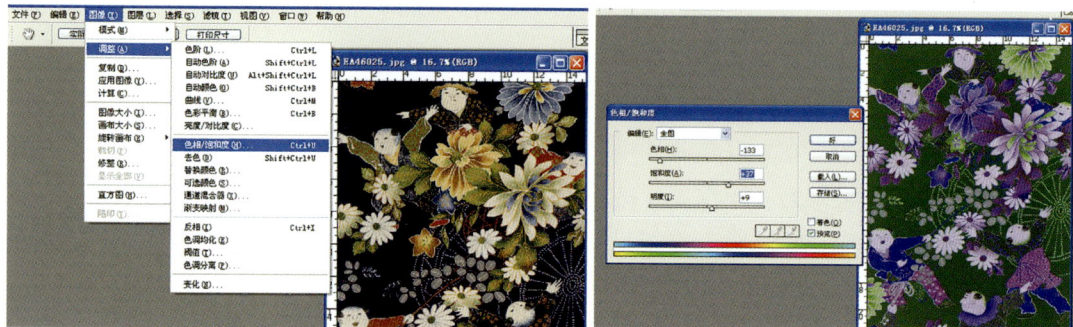
图5-21　选择面料

（8）置入服装面料。将面料图用移动工具直接拖到新建设计文件中，也可以通过在面料文件中，使用快捷键【Ctrl】+【C】（拷贝），然后到新建文件中用【Ctrl】+【V】（粘贴）完成，并将新图层命名为"上衣"，按着用【Ctrl】+【T】键将面料调到合适大小，然后调节图层不透明度，将面料调节为半透明，露出下面人体（图5-22）。

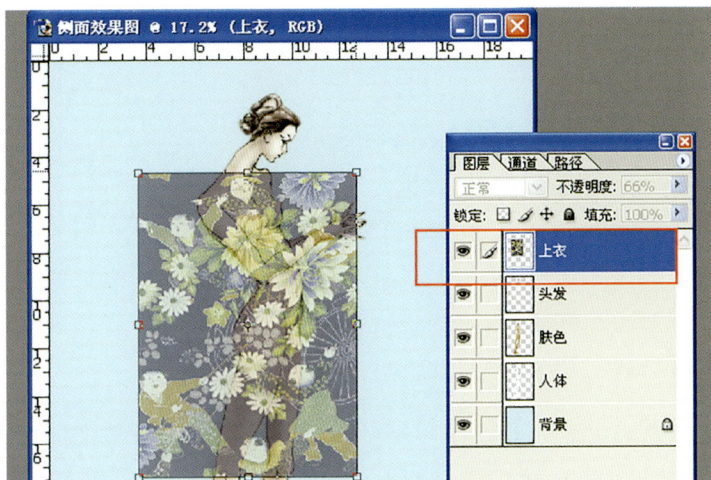

图5-22　置入服装面料

（9）用路径勾出上衣形状。在工具箱中选择钢笔路径，按下【F7】，弹出路径活动面板，然后在路径状态栏激活路径，若不激活路径，勾出的是矢量图形，一定注意不要选错。用钢笔路径勾描上衣造型，形成闭合路径，然后双击工作路径储存路径1，最后按下【Ctrl】键，同时用鼠标点击路径1，闭合路径就会自动变成一个选区（图5-23）。

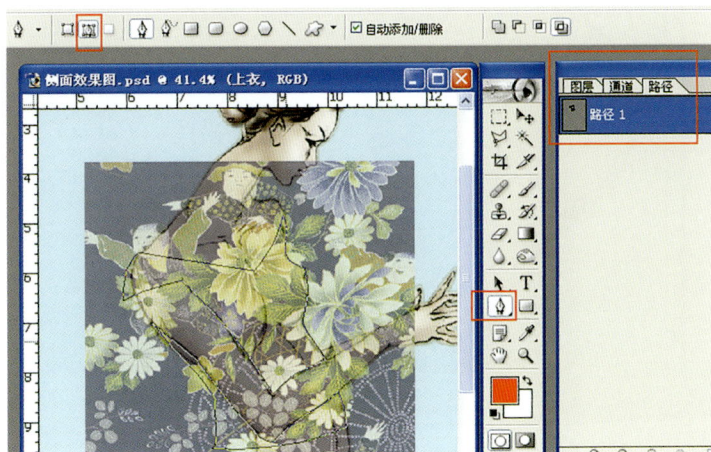

图5-23　用路径勾出上衣形状

（10）羽化边缘。在选择菜单栏中选择羽化，羽化值设置为2~5，羽化值越大、边缘越模糊，然后在选择菜单栏中选择反选，选中上衣以外部分，按下【Delete】键（图5-24）。

图 5-24　羽化边缘

（11）调节上衣款式明暗空间关系，达到真实效果。用工具箱中的加深、减淡、海绵工具，在面料上表现明暗层次。先用加深工具点击鼠标把暗部加深，再用减淡工具点击鼠标把亮部和高光减淡，之后用海绵工具调节纯灰层次。在状态栏调整笔道大小、范围、曝光度，注意面料属性、质感。调节工具箱中的模糊、锐化、涂抹工具，在状态栏调整笔道大小、范围、曝光度，特别是涂抹工具会使面料在人体上产生动感，增强真实性（图 5-25）。

图 5-25　调节上衣的明暗空间关系

（12）制作裙子。从面料库中选择一块面料，在图像菜单中选择调整选项中的色相 / 饱和度（【Ctrl】+【U】），调节色相、纯度、明度滑块，获得理想的面料色彩，直到满意为止。然后拖到侧面效果图中，将新图层命名为"裙"。用【Ctrl】+【T】调方向，再次按下【Ctrl】键，将光标移到左上角位置时，光标变为三角形，拖动鼠标，向中心移动。右上角也用同样的方法，使面料随着人体结构移动，产生一种透视感（图 5-26）。

（13）调节裙子明暗空间关系，达到真实效果。用工具箱中的加深、减淡、海绵工具，在面料上表现明暗层次，先用加深工具点击鼠标把暗部加深，再用减淡工具点击鼠标把亮部和高光减淡，之后用海绵工具调节纯灰层次。在状态栏调整笔道大小、范围、曝光度，注意面料属性、质感。调节工具箱中的模糊、锐化、涂抹工具，在状态栏调整笔道大小、范围、曝光度，特别是涂抹工具会使面料在人体上产生动感，增强真实性（图5-27）。

（14）完成服装。继续用各种工具修改，直到满意为止。此服装已完成，我们注意到图层很清晰地把各个部分标注出来，这样便于修改或者优化细节（图5-28）。

3. 系列效果图绘制

（1）建立新文件。运行Photoshop软件，在【文件】菜单里选择【新建】，或者用【Ctrl】+【N】，会自动弹出一个对话框，名称自定，宽度为27cm，高度为20cm，或者宽度为40cm，高度为27cm，分辨率为200~300像素 / 英寸，模式为RGB颜色，白背景（图5-29）。

（2）勾描闭合路径，建立选区。打开人体图库，选择一个人体图打开，然后在工具箱中选择钢笔路径，用钢笔路径勾描人体图，形成闭合路径，按【F7】，弹出路径活动面板，双击工作路径储存路径1，然后按下【Ctrl】键，同时用鼠标点击路径1，闭合路径就会自动变成一个选区。也可以用套索工具勾描人体，直接形成选区，这样做比较快速，缺点是不如钢笔路径精确（图5-30）。

图5-26　制作裙子

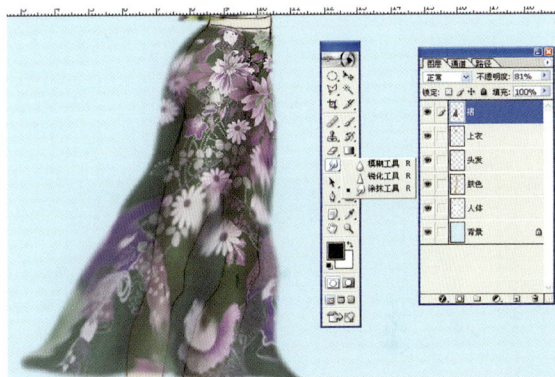

图5-27　调节裙子明暗空间关系

图5-28　完成服装

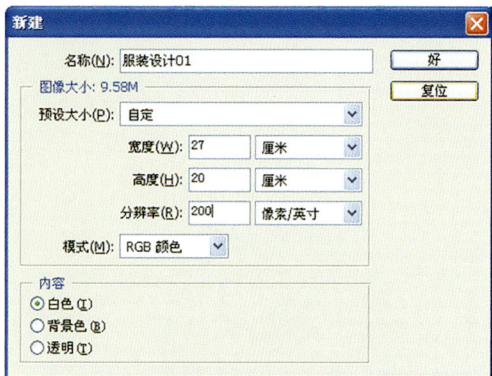

图5-29 建立新文件

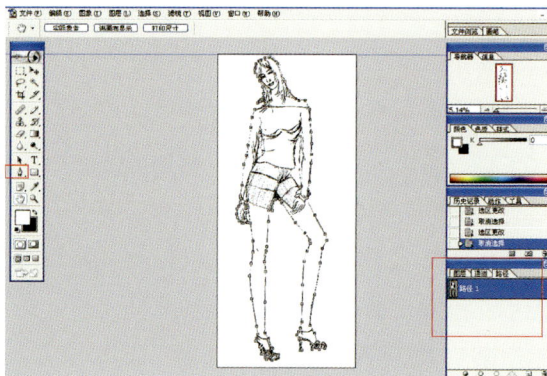

图5-30 建立选区

（3）填充前景色。在工具箱中选择前景色，设置一个颜色，然后激活新建的文件（如服装设计01），用菜单中的编辑子目录中的填充工具，或者用【Alt】+【Backspace】填充颜色，作为背景（图5-31）。

（4）置入人体图。激活工具箱中的移动工具，光标自动变为移动标志，将形成选区的人体图直接拖到新建立的文件中。也可以在人体文件中用快捷键【Ctrl】+【C】，然后在新建文件中用【Ctrl】+【V】完成（图5-32）。

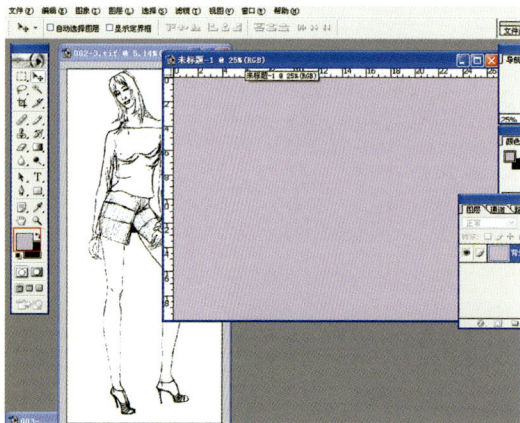

图5-31 填充前景色

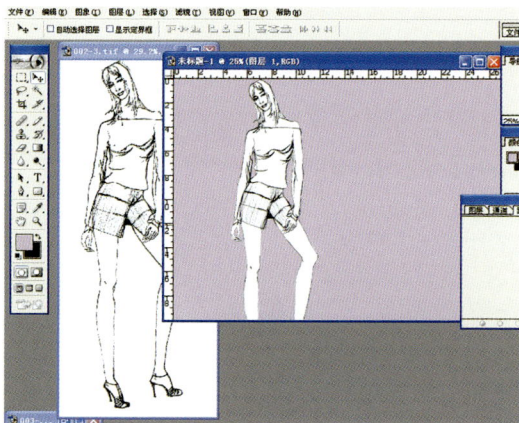

图5-32 置入人体图

（5）调节人体图大小。在编辑菜单中选择变换命令中的缩放，或者用【Ctrl】+【T】快捷键，将人体调到合适大小，按回车键完成（图5-33）。

（6）置入其他人体图。用同样的方法，将另外两个人体图放到新文件中来，调整到合适的位置（图5-34）。

（7）建立序列包。打开图层面板，我们看到每个人体都有一个图层，这时双击底层状态栏左数第三个图标，或者在图层菜单中选择新建命令中的图层组，建立新的序列包，将每个人体放入独立的序列包中，这样便于分别管理每一个人体的所有图层（图5-35）。

（8）填充皮肤色。在序列包3中建立一个新图层，置于人体图层上方，选择工具箱中的魔棒工具，选中人体外的区域，然后在选择菜单中选择反选命令，填充皮肤色（图5-36）。

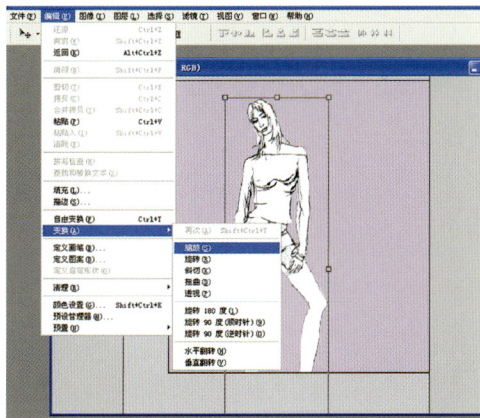

图5-33　调节人体图大小

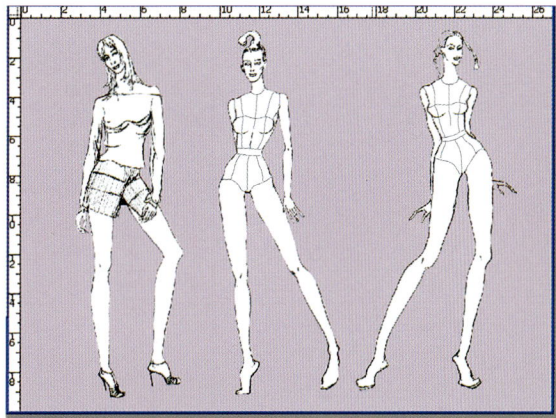

图5-34　置入其他人体图

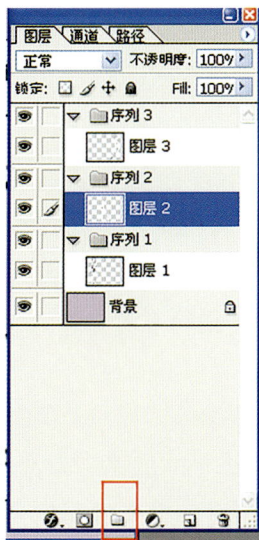

图5-35　建立序列包

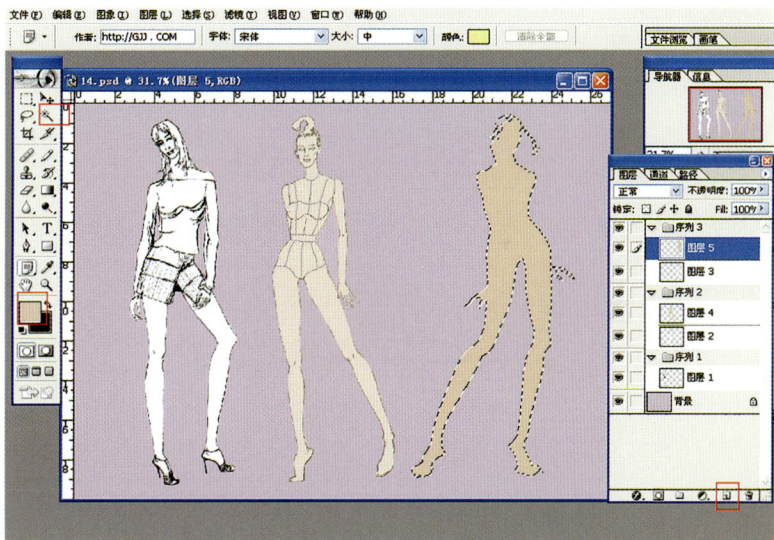

图5-36　填充皮肤色

（9）调节透明度。调节图层面板上的不透明度滑块，将人体的轮廓调节到合适的透明度，图层属性可以变为正片叠底，效果会增强。用同样的方法，将另外两个人体填充皮肤色（图5-37）。

（10）头发着色。在序列1中，新建一个图层，放在皮肤色图层上面，工具箱中的前景色选一个头发的颜色，再选择画笔工具，调节画笔状态栏中的画笔大小、不透明度、流量属性，调出合适的笔道画头发（图5-38）。注意虚实关系、空间关系、冷暖关系，画笔颜色也可以稍微调整（图5-39）。

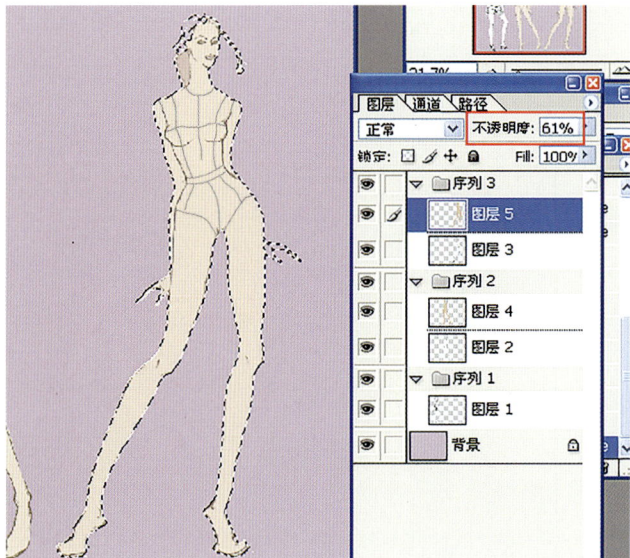

图5-37　调节透明度

图5-38　画出头发

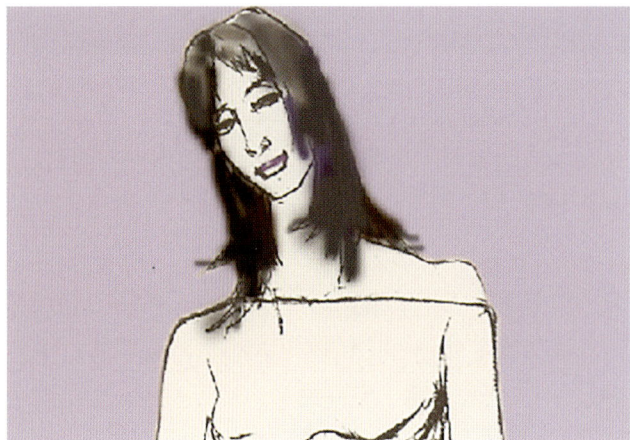

图5-39　头发着色

（11）调节面料属性。在面料文件中选择一个合适的面料打开，在图像菜单中选择调整命令中的色相/饱和度，或者用【Ctrl】+【U】完成，弹出一个对话框，调整色相、明度、纯度滑块，改变颜色属性，直到满意为止（图5-40）。

（12）置入服装面料。将面料图用移动工具直接拖到新建设计文件中，也可以在面料文件中用快捷键【Ctrl】+【C】，然后在新建文件中用【Ctrl】+【V】完成（图5-41）。

（13）确定上衣廓型。把面料移到人体上，其图层置于肤色图层之上，调节图层面板透明度滑块，露出下面人体形状，用套索工具勾出款式图形，形成一个选区（图5-42）。

（14）删除多余面料。在选择菜单中选择反选命令，选中款式图形以外部分，点击键盘上【Delete】键，删除不需要的面料部分（图5-43）。

（15）画服装款式明暗空间关系1。用工具箱中的加深、减淡、海绵工具，在面料上表现明暗层次，先用加深工具点击鼠标将暗部加深，再用减淡工具点击鼠标将亮部和高光减淡，之后用海绵工具调节纯灰层次（图5-44）。

（16）画服装款式明暗空间关系2。一边用笔、一边在状态栏调整笔道大小、范围、曝光度，注意面料属性、质感，直到满意为止（图5-45）。

图5-40　调节面料属性

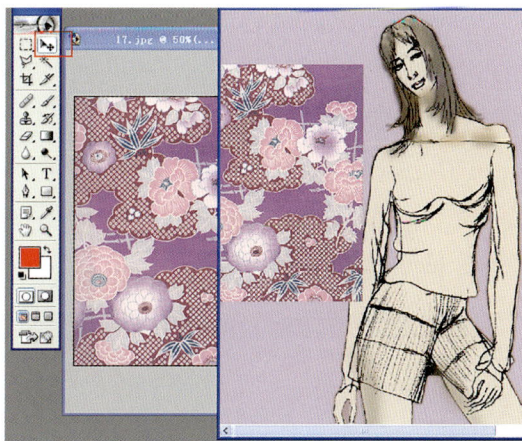

图5-41　置入服装面料

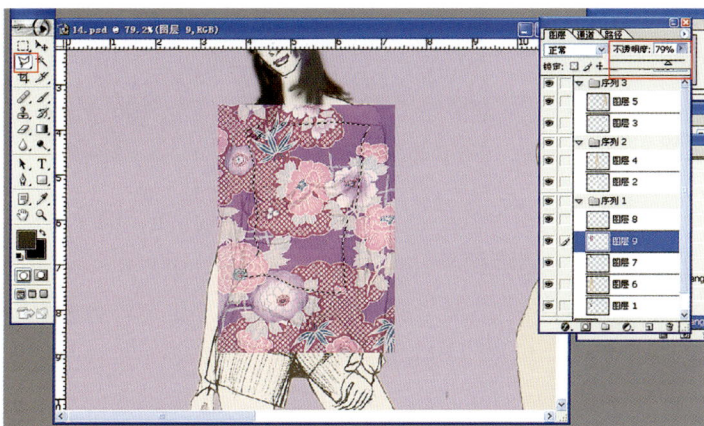

图5-42　确定上衣廓型

图5-43　删除多余面料

图5-44　画服装款式明暗空间关系1

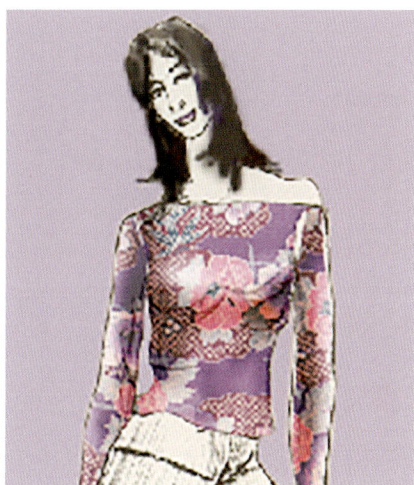

图5-45　画服装款式明暗空间关系2

（17）填充短裤色彩。在序列包里新建一个图层，置于肤色层上方，用套索工具勾出短裤形状，形成一个选区，再调节工具箱中的前景色，选择一个颜色并填充；调节不透明度滑块，直到满意为止（图5-46）。

（18）调节短裤明暗、质感关系。激活工具箱中的加深工具，然后在状态栏中选择合适大小的笔道，沿着人体曲线和短裤结构将暗部加深，接着再激活工具箱中的减淡工具，同时在状态栏中选择合适大小的笔道，将亮面提亮，直到满意为止，参照步骤（15），如图5-47所示。

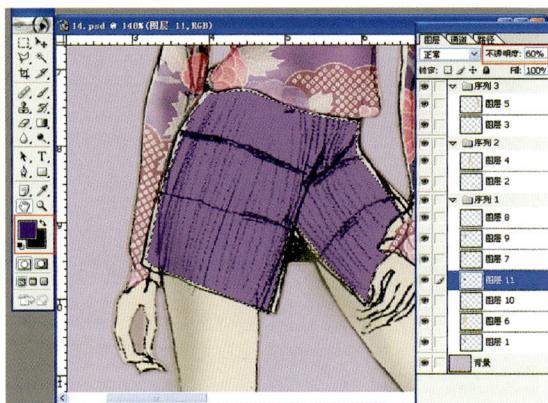

图5-46　填充短裤色彩

图5-47　调节短裤明暗、质感关系

（19）制作第二款人体上衣。从面料库中选择面料，拖入设计文件中，用套索工具勾出上衣形状，并删除不需要的部分，用工具箱中的加深、减淡、海绵工具，在面料上表现明暗层次，直到满意为止，并参照步骤（11）~（16）（图5-48）。

（20）制作第二款人体短裙1。从面料库中选择面料，拖入设计文件中，用套索工具勾出上衣形状，并删除不需要的部分，用工具箱中的加深、减淡、海绵工具，在面料上表现明暗层次，调节不透明度滑块，直到满意为止，并参照步骤（11）~（16）（图5-49）。

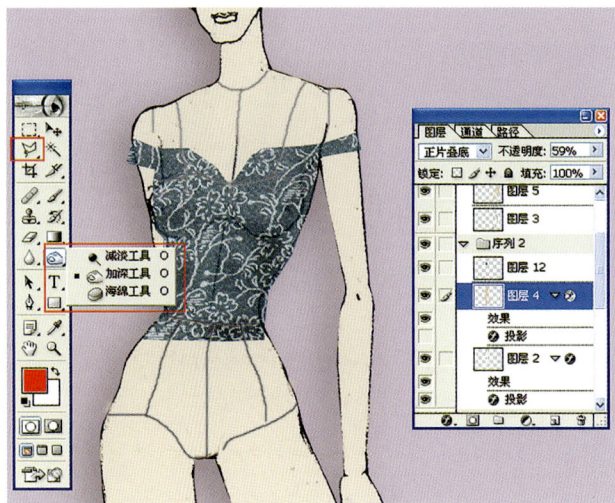

图5-48　制作第二款人体上衣

图5-49　制作第二款人体短裙1

（21）制作第二款人体短裙2。按住【Alt】键，工具箱中移动键在激活的状态下，拖动鼠标，短裙拷贝形成，再用快捷键【Ctrl】+【T】微调方向，直到满意为止（图5-50）。

（22）制作短裙投影。在序列2中，图层调到短裙1工作层状态下（图层13），在图层菜单中选择图层样式命令中的投影（图5-51）。

（23）调整投影属性。调节模式、色彩、不透明度、角度、距离、扩展、大小滑块，直到满意为止（图5-52）。

图5-50　制作第二款人体短裙2

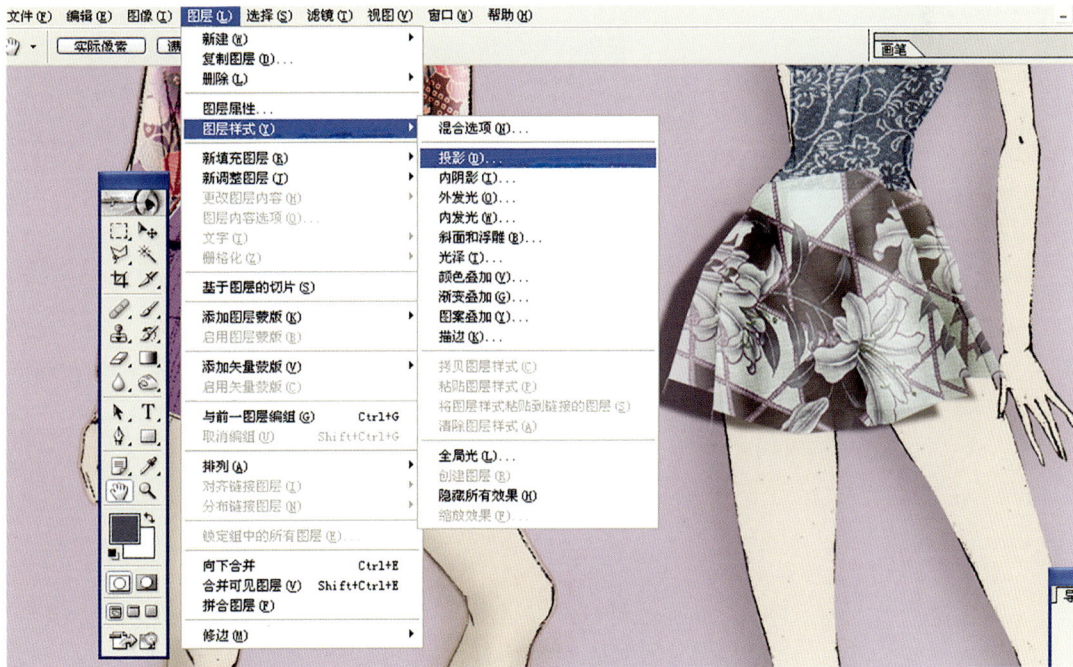

图5-51　制作短裙投影

（24）制作第二款人体紧身裤。从面料库中选择面料文件，拖入设计文件中，用【Ctrl】+【T】调节方向，使裤子保持直丝方向（图5-53）。

（25）勾出紧身裤轮廓。用套索工具紧贴人体，勾出紧身裤形状，并删除不需要的部分，用工具箱中的加深、减淡、海绵工具，在面料上表现明暗层次，调节不透明度滑块，直到满意为止，并参照步骤（11）～（16）（图5-54）。

（26）合并链接图层。按下【F7】键，打开图层面板，紧身裤的两个裤腿分为两个层，一个激活变为工作层（显示蓝色），另外一个点击链接标志，确定链接，再点击图层面板右上角三角图标，找到合并链接图层选项，完成（图5-55）。

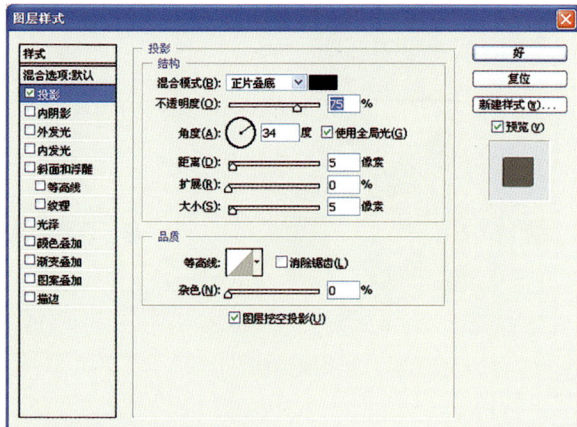
图5-52　调整投影属性

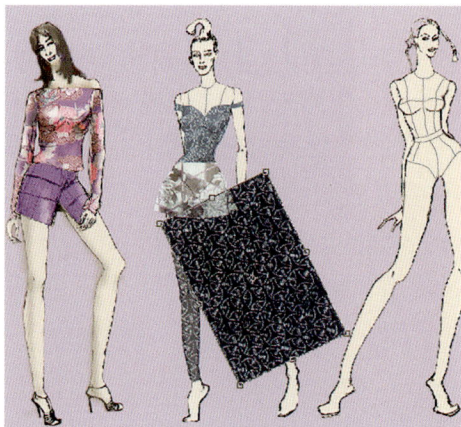
图5-53　制作第二款人体紧身裤

图5-54　勾出紧身裤轮廓

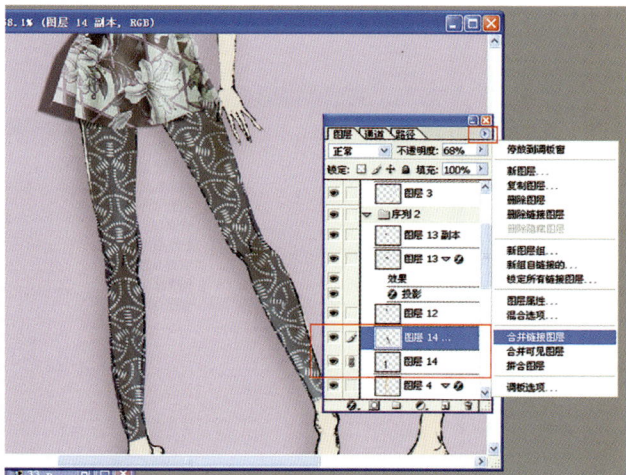
图5-55　合并链接图层

（27）制作第三款人体上衣1。从面料库中选择面料，拖入设计文件中，用套索工具勾出上衣形状形成选区，在选择菜单中选择反选命令，之后在选择菜单中选择羽化命令，输入像素羽化值（8以内），删除不需要的部分（图5-56）。

（28）制作第三款人体上衣2。用工具箱中的加深、减淡、海绵工具，在面料上表现明暗层次，调节不透明度滑块，直到满意为止（图5-57）。

（29）制作第三款人体裙子步骤。打开图层状态栏，在序列3中新建一个图层，放在其他图层上面，在前景色里选择一个颜色，激活工具箱中的画笔工具，调节状态栏里的画笔大小、不透明度、流量属性，确定合适的笔道，同时点开工具箱中的拾色器的前景色，选择颜色，开始画出裙子，直到满意为止（图5-58）。

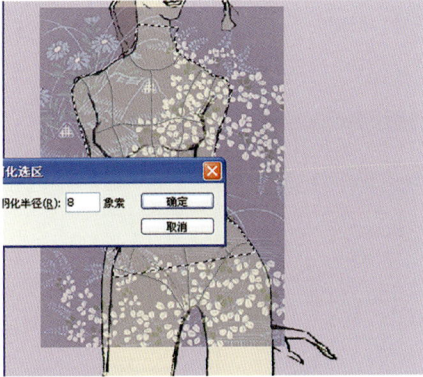

图5-56　制作第三款人体上衣1

图5-57　制作第三款人体上衣2

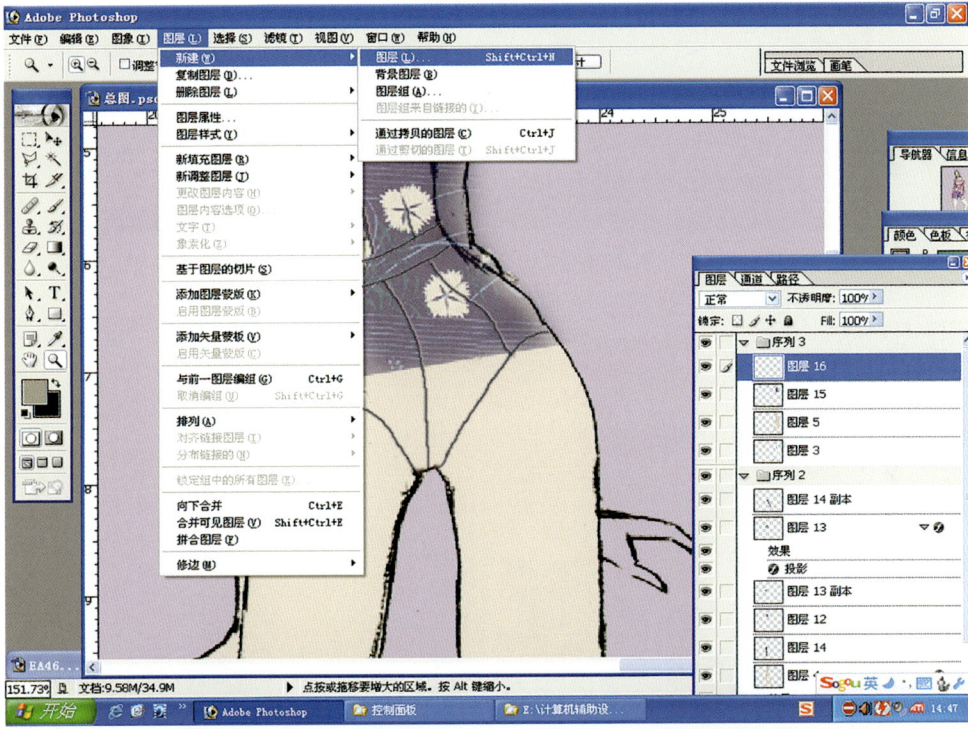

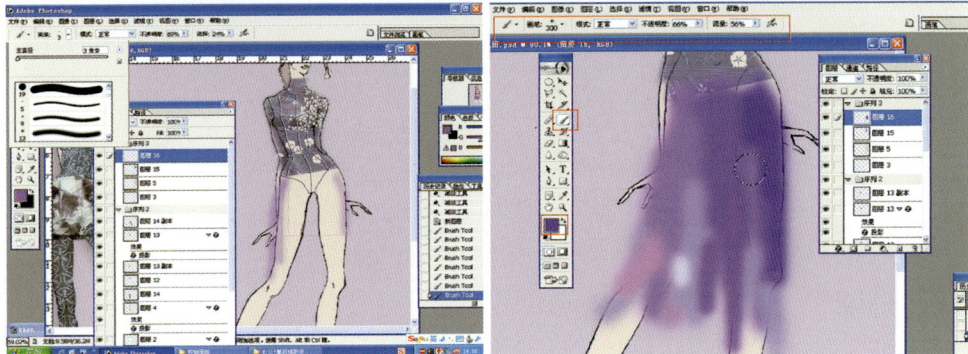

图5-58　制作第三款人体裙子

（30）调节裙子的角度和大小。在图像菜单下选择图像旋转，调节裙子的角度和大小，直到满意为止（图5-59）。

图5-59　调节裙子的角度和大小

（31）完成。至此，系列化服装效果图基本完成，有些地方还可以继续深入研究（图5-60）。

图5-60　系列化服装效果图基本完成

以上是用Photoshop绘制时尚效果图的基本方法，以及一些绘制效果图的方法和要领。在初次绘图情况下，有些同学添加图层时显得比较乱。以图5-61为例，分析以下按要求完成的学生作业。这位同学画了三款效果图，每款服装都建立了文件包，一套服装就要建一个文件包（图5-61）。在文件包内，依次建立图层对话框中的小三角符号，点击符号向下，我们建立了服装的各个图层，人体层在底层，自下而上依次是裙摆、胸部、上衣。这样的好处是便于修改各图层，相互之间也不受影响。点击小三角符号向右，即只能看到三个服装文件包，按下键盘移动键每个文件包可以随整体一同移动，形成新的构图形式（图5-62）。

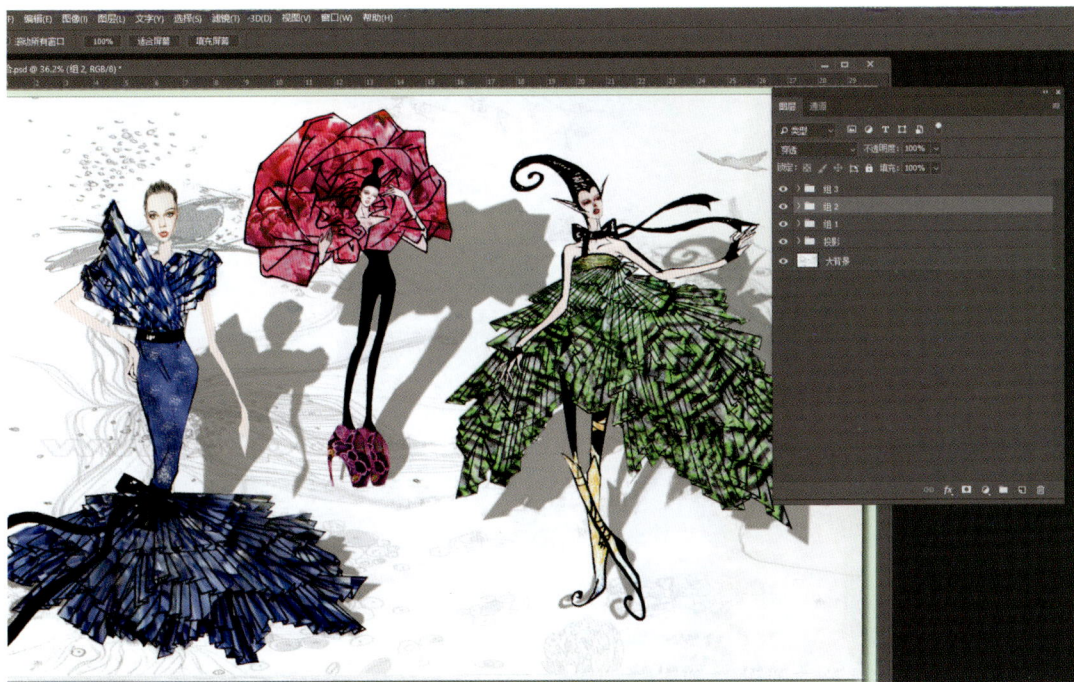

图5-61　学生作业

图5-62　学生作业的文件包

为了画得更精确，建议学生可准备一个手写板，通过手写板直接绘制，作品会更加生动、灵活（图5-63）。

图5-63　手写板绘图（2007级学生高思敏绘）

作业与练习

根据学习资料，用设计软件完成以下作业。

1.单款效果图，尺寸要求20cm×28cm，分辨率300dpi，RGB模式（打印）。

2.双人组合效果图，尺寸要求20cm×28cm，分辨率300dpi，RGB模式（打印）。

3.3~4人系列效果图，尺寸要求27cm×40cm，分辨率300dpi，RGB模式（打印）。

目的与基本要求：熟悉计算机图像软件绘图的各种工具和滤镜，运用手绘与计算机软件绘图相结合的表现技法，达到熟练的程度。

图5-64~图5-86是学生作业和参赛作品。

图5-64 学生作业（2008级学生张宇彤绘）

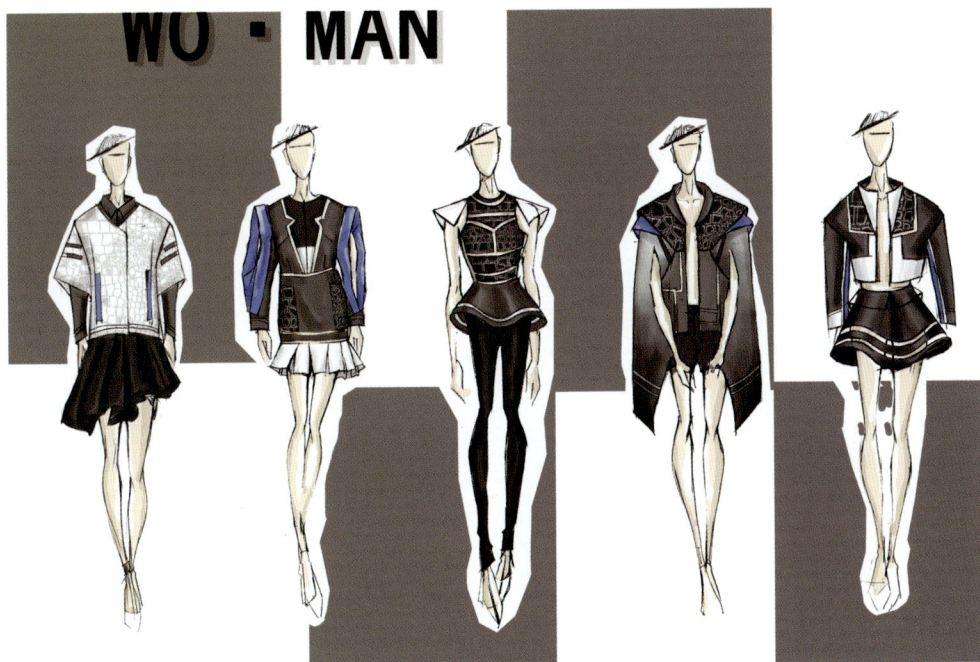

图5-65 学生作业（2012级学生张启航绘）

图5-66　学生作业（2019级学生倪佳淇绘）

图5-67　学生作业（2019级学生李嘉译绘）

图5-68　学生作业（2019级学生刘慧珍绘）

图5-69　学生作业（2019级学生刘佳鑫绘）

图5-70　学生作业（2019级学生高银燕绘）

图5-71　学生作业（2019级学生赖雨萍绘）

图5-72 学生参赛作品（2022级学生张双娴绘 东方设计奖全国高校创新设计大赛2024全国决赛二等奖 指导教师：王德才、李家懿）

图5-73 学生参赛作品（2021级学生刘艺宁绘 东方设计奖全国高校创新设计大赛2024全国决赛一等奖 指导教师：王德才、李家懿）

图5-74　学生参赛作品（2016级研究生刘琳绘　第21届中国时装设计新人奖优秀奖　2016艺尚·中国时装设计希望之星　指导教师：张灏）

图5-75　学生参赛作品（2019级学生袁鸣绘　"第八届两岸新锐设计竞赛·华灿奖"华北赛区三等奖　指导教师：许晓慧）

图5-76　学生参赛作品（2016级研究生刘琳绘　乔丹杯第九届中国运动装备设计大赛金奖）

图5-77　学生参赛作品（2021级研究生孔茜、刘丹绘　2023米兰设计周中国高校设计学科师生优秀作品展全国决赛二等奖　指导教师：许晓慧、张灏）

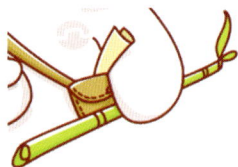

童"话"大白系列——传递正能量
第三届"中国织里"全国童装设计大赛

图5-78 学生参赛作品（2016级研究生刘琳绘 第三届"中国织里"全国童装设计大赛优秀奖）

图5-79 学生参赛作品（2020级学生张箫纯绘 "第八届两岸新锐设计竞赛·华灿奖"华北赛区三等奖 指导教师：许晓慧）

图5-80　学生参赛作品（2021级学生王涛绘　第九届全国应用型人才综合技能大赛之"青春梦"大学生职场装创意设计大赛二等奖　指导教师：许晓慧）

图5-81　学生参赛作品（2020级学生郑雅蔓绘　"第八届两岸新锐设计竞赛·华灿奖"华北赛区三等奖　指导教师：许晓慧）

图5-82　学生参赛作品（2021级学生王涛绘　2024年米兰设计周中国高校设计学科师生优秀作品展省赛三等奖　指导教师：李家懿）

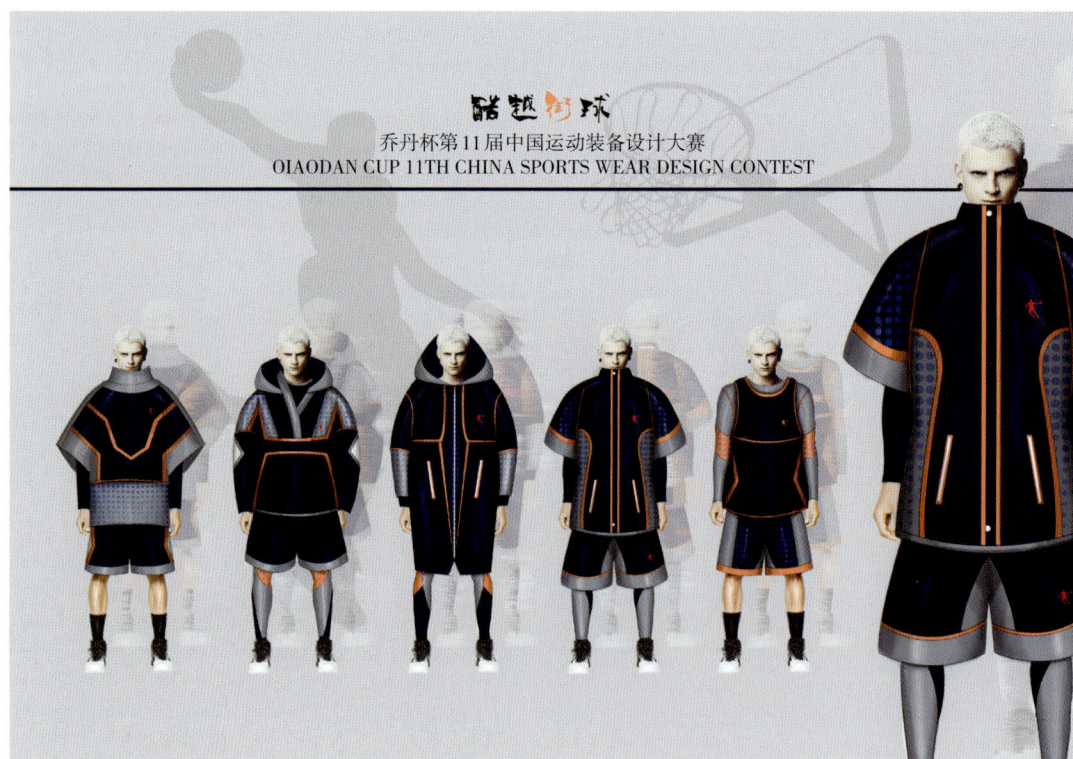

图5-83　学生参赛作品（2014级学生刘鹏绘　乔丹杯第11届中国运动装备设计大赛网络人气奖　指导教师：李建中）

图5-84　学生参赛作品（2021级研究生刘馨月绘　第三届中国国际华服设计大赛铜奖　指导教师：张灏）

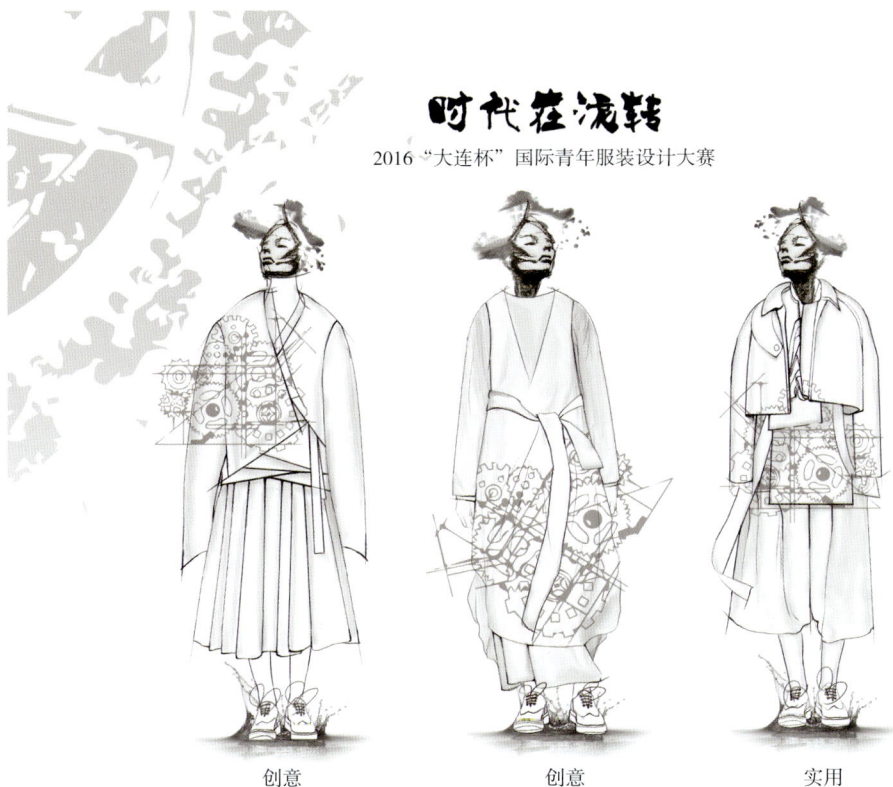

时代在流转

2016"大连杯"国际青年服装设计大赛

创意　　　　　　　创意　　　　　　　实用

图5-85　学生参赛作品（2014级学生刘鹏绘　2016"大连杯"国际青年服装设计大赛院校组铜奖　指导教师：李建中）

图5-86 学生参赛作品（2016级学生刘乐康绘 第五届全国应用型人才综合技能大赛之服装设计创新创意设计大赛一等奖 指导老师：齐德金）

第二节
图形设计软件表现技法

图形设计软件主要功能是能够比较精准地绘制服装款式图。服装款式图是时尚设计师绘制完效果图后，绘制的款式示意图，它是设计师与制板师沟通的桥梁，利用计算机图形设计软件绘制的服装款式图，一方面能够让绘图更精准，另一方面能提高设计效率。

一、图形设计软件简介

Adobe Illustrator，常被称为"AI"，是一种应用于出版、多媒体和在线图像编辑的工业标准矢量插画软件。作为一款非常好的矢量图形处理工具，可以为线稿提供较高的精度和控制度，适合任何小型设计到大型设计的复杂项目，广泛应用于服装款式矢量图绘制。

1. 主要功能

无论是线稿的设计者，还是专业插画家，用过Illustrator后会发现，其强大的功能和简洁的界面给人惊喜。AI最大的特点在于钢笔路径的使用能让操作简单、功能强大的矢量绘图成为可能。

钢笔路径方法，在AI软件中是通过"钢笔路径"设定"锚点"和"方向线"实现的。初学者在一开始使用的时候会感到不太习惯，需要一定的练习；一旦掌握，就能够随心所欲绘制出各种直观可靠的线条。

Illustrator与Photoshop有类似的界面，并能共享一些插件和功能，实现无缝连接。同时它也可以将文件输出为Flash格式。因此，可以通过Illustrator让Adobe公司的产品与Flash连接。

它是一款专业图形设计工具，可以提供丰富的功能，如描绘功能以及顺畅灵活的矢量图编辑功能，可快速创建设计工作流程。

2. 贝塞尔曲线的使用

Adobe Illustrator的最大特征在于贝塞尔曲线的使用。它不仅集文字处理、上色等功能于一体，在插图制作方面也有极大优势。

3. 使用技巧

使用基本绘图工具时，在工作区中单击选项可以弹出相应的对话框，在对话框中对工具的属性可以进行精确设置。

（1）按【Alt】键单击工具循环选择隐藏工具，双击工具或选择工具并按回车键显示选定工具所对应的选项对话框。

（2）按下【Caps Lock】可将选定工具的指针改为十字形。

从标尺中拖出参考线时，按住鼠标按下【Alt】键可以在水平或垂直参考线之间切换。

（3）选定路径或者对象后，打开视图→参考线→建立参考线，使用选定的路径或者对象创建参考线，释放参考线，生成原路径或者对象。

（4）对象→路径→添加锚点，即可在所选定路径每对现有锚点之间的中间位置添加一个新的锚点，因此使用该命令处理过的路径上的锚点数量将加倍。所添加锚点的类型取决于选定路径的类型，如果选定路径是平滑线段，则添加的锚点为平滑点；如果选定的路径是直线段，则添加的锚点为直角点。

（5）使用旋转工具时，在默认情况下，以图形的中心点为旋转中心点。按住【Alt】键在画板上单击设定旋转中心点，并弹出旋转工具对话框。在使用旋转、反射、比例、倾斜和改变形状等工具时，都可以按下【Alt】键单击来设置基点，并且在将对象转换到目标位置时，都可以按下【Alt】键进行复制对象。

（6）再次重复上次变换可以按下【Ctrl】+【D】。

（7）使用变形工具组时，按下【Alt】键并拖动鼠标调节变形工具笔触形状。

（8）包含渐变、渐变网格、裁切蒙版的对象不能定义画笔。

（9）剪切工具：使用该工具在选择的路径上单击出起点和终点，可将一个路径剪成两个或多个开放路径。

（10）裁刀工具：可将路径或图形裁开，使之成为两个闭合的路径。

（11）画笔选项：填充新的画笔，用设置的填充色自动填充路径，若未选中，则不会自动填充路径。

（12）镜像工具：单击定位轴心，点鼠标进行拖移，可以轴心为旋转中心对镜像结果进行旋转，单击两次复制按键，进行对称变换。

（13）比例缩放工具：使用比例工具时，可以用直接选择工具选中几个锚点，缩放锚点之间的距离。

（14）变换工具：可对图形、图像进行倾斜、缩放以及旋转等变形处理，先按住范围框上的节点不松，再按【Ctrl】键进行任意变形操作，再加上【Alt】键可进行倾斜操作。

（15）扭转工具：将图形做旋转，创建类似于涡流的效果。

（16）细节：确定图形变形后锚点的多少，特别是转折处。

（17）简化：对变形后的路径的锚点做简化，特别是平滑处。

（18）混合工具：一个对象从形状\颜色渐变混合到另一个对象，先点击第一个要混合的图形，再点击第二个要混合的图形就可以得到混合效果。

（19）混合方向：调整混合图形的垂直方向，排列到页面是与页面垂直，排列到路径是与路径垂直。

（20）对象—混合—扩展：可将混合工具形成的图形扩展为单一的图形。

二、绘制方法

（1）打开Illustrator软件，在文件菜单下点击新建菜单，弹出一个对话框后，输入文件名：连身裙。然后在设置（老版本）和更多设置（新版本）中将尺寸设置为A4，颜色模式设置为CMYK，栅格效果设置为高300dpi，其他选项默认即可（图5-87）。

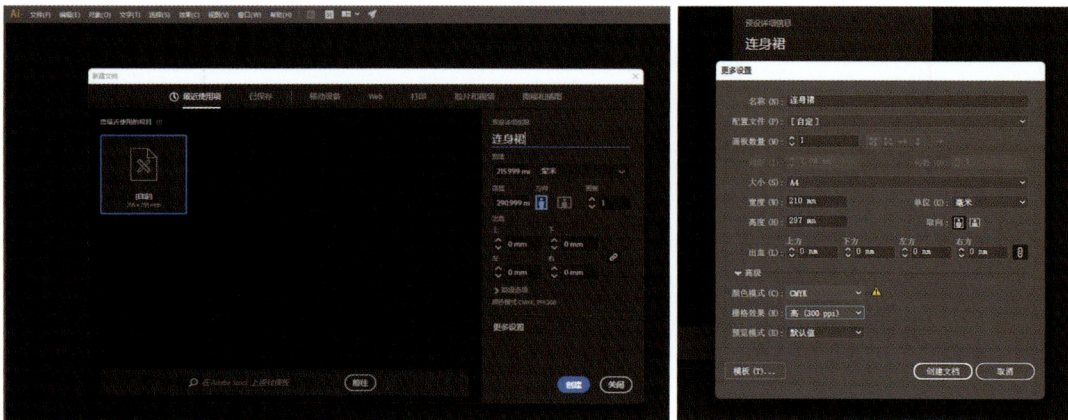

图5-87　打开软件

（2）设置描边数值。画板展开后，在工具箱中把钢笔路径激活，同时在窗口菜单中选择描边选项，弹出对话框后，将描边数值设为1pt（图5-88）。

（3）设置描边CMYK值。在工具箱靠下的两个色块中，左面的是填充色，选择不填充选项，即可看到色块变为白色，有一个斜向的细红条即可。右面的是轮廓描边选项，双击弹出拾色器对话框，在CMYK模式中键入：C0，M0，Y0，K100数值，把描边定义为纯黑（图5-89）。

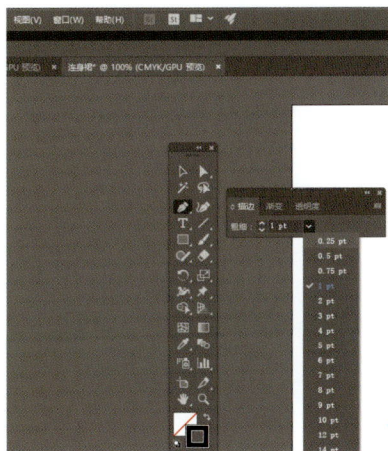

图5-88　设置描边数值

图5-89　设置CMYK

（4）用钢笔路径勾画裙子轮廓。在工具箱中将钢笔路径工具激活，在路径状态栏中选择路径选项，这时光标显示为钢笔路径符号，我们选择在画板的合适位置开始绘制款式图，从领子开始勾画，图不要画的太小，利用钢笔路径的贝塞尔曲线调节曲度，画出转折线条（图5-90）。

（5）调节节点修改裙子形状。用钢笔路径勾完闭合路径后，在工具箱将直接选择工具激活，再把光标放在勾完的裙子轮廓上，能看到勾画的每一个节点，当光标到某个节点上，节点会变为透明的方块，这时可以调节节点的位置，修改裙子的形状，直到满意为止（图5-91）。

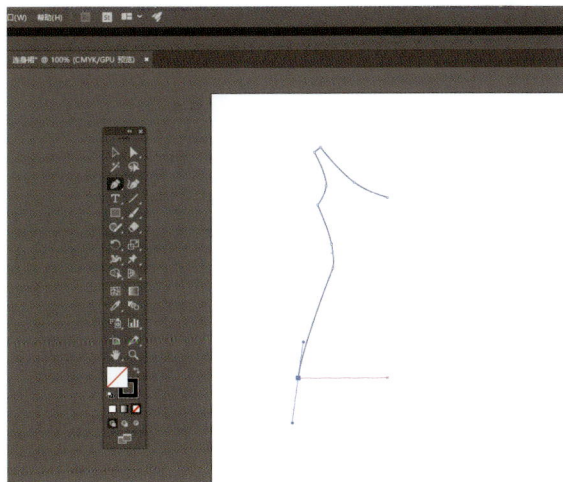

图5-90　用钢笔路径勾画裙子轮廓

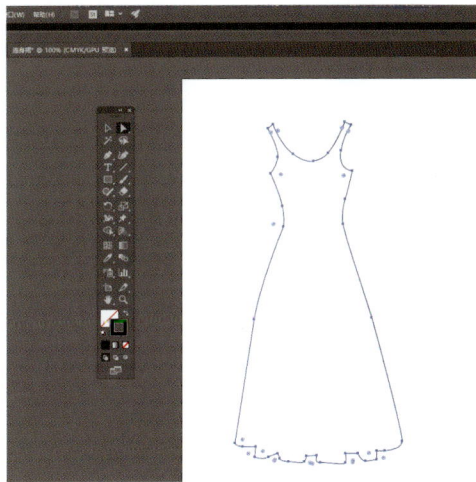

图5-91　调节节点修改裙子形状

（6）从视图菜单中选择标尺选项，把标尺显示出来，然后光标到边缘处轻拉，拉出辅助线。借助辅助线，继续调整裙子廓型。点击钢笔路径，下拉出增加描点、删除描点、描点工具等工具，其中描点工具可以调整和拉拽节点的贝塞尔曲线，选择一边有曲线，另一边无曲线，也可以删除曲线，直到得到满意的图形（图5-92）。

图5-92　继续调整裙子廓型

（7）隐藏参考线，设置描边数值。从视图菜单中选择参考线／隐藏参考线，将参考线隐藏，然后将工具箱中的钢笔路径激活，同时在窗口菜单中选择描边选项，弹出对话框后，将描边数值设为0.5pt（图5-93）。

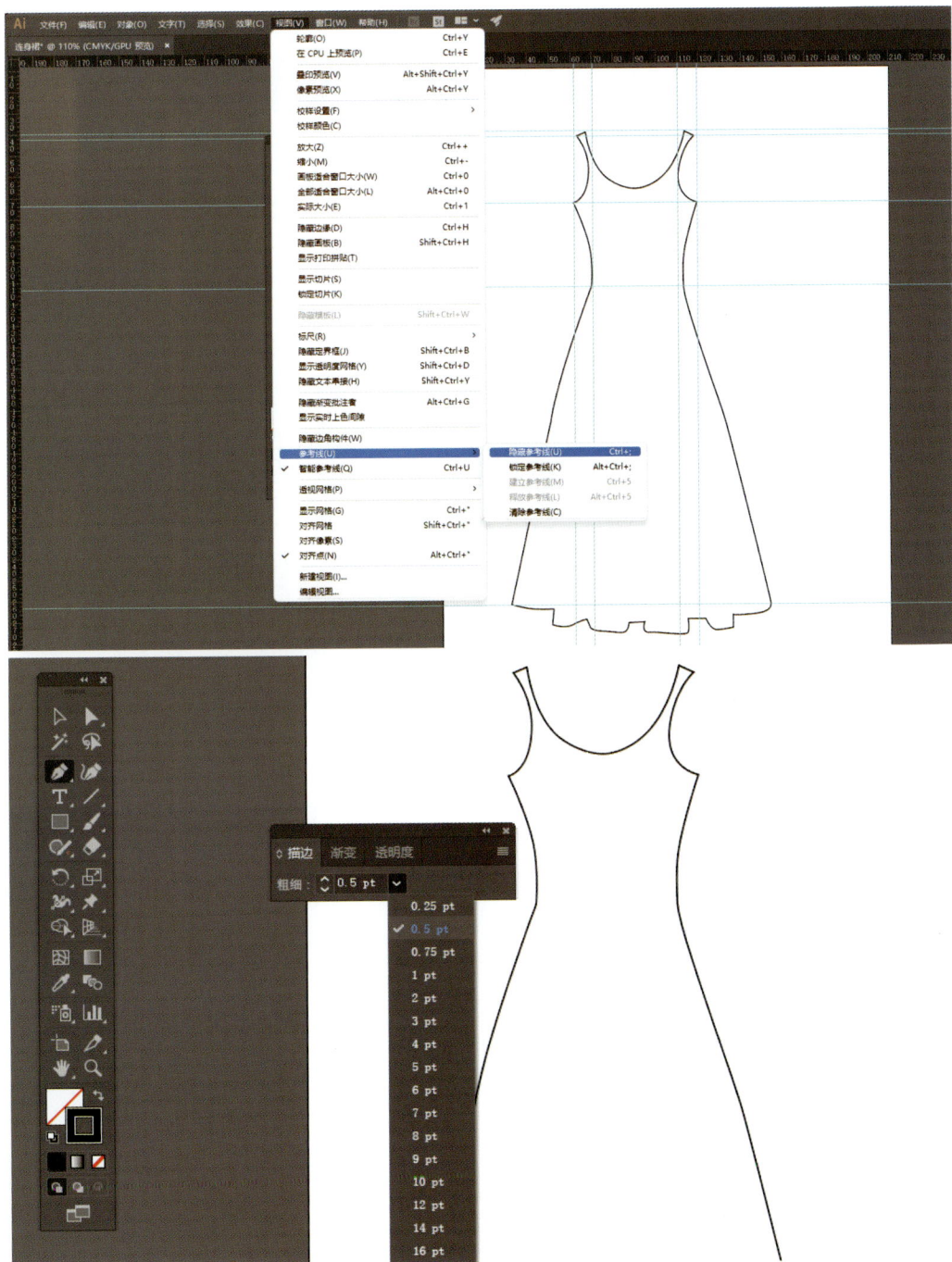

图5-93　隐藏参考线，设置描边数值

（8）画裙子的结构线。用钢笔路径工具，画出裙子的结构线，注意每画完一条线段后，要点击一下移动工具，再点击钢笔路径工具，继续画其他的线段，否则所有的线条都会连在一起。完成后再次用钢笔路径，下拉出增加描点、删除描点、描点工具等工具调整裙子和分割线的位置以及线条曲度，直到满意为止（图5-94）。

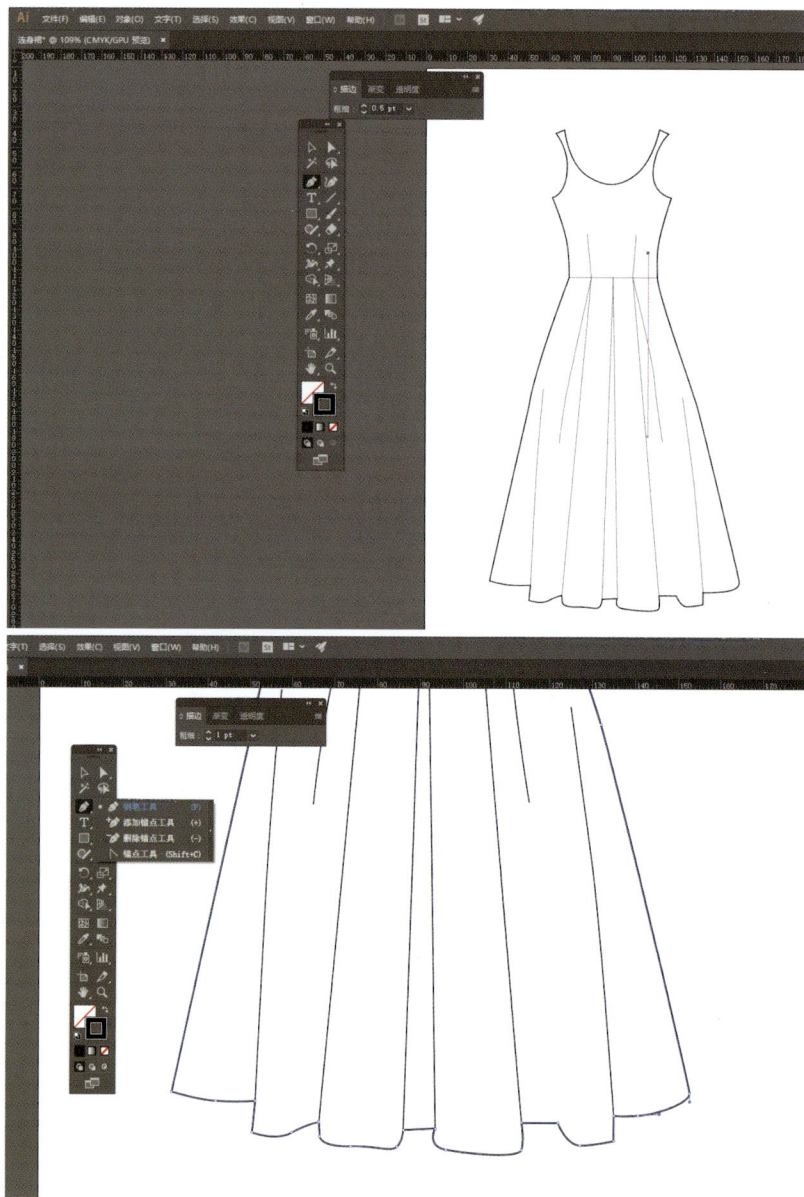

图5-94　调整裙子的分割线位置与线条曲度

（9）裙子颜色填充。点击工具箱下方的填充色，弹出对话框后，在CMYK模式中输入：C5，M20，Y0，K0数值，调色为浅粉色，然后点击工具箱移动键，把光标放在裙子廓型上，再点击填充色，将裙子填充为浅粉色（图5-95）。

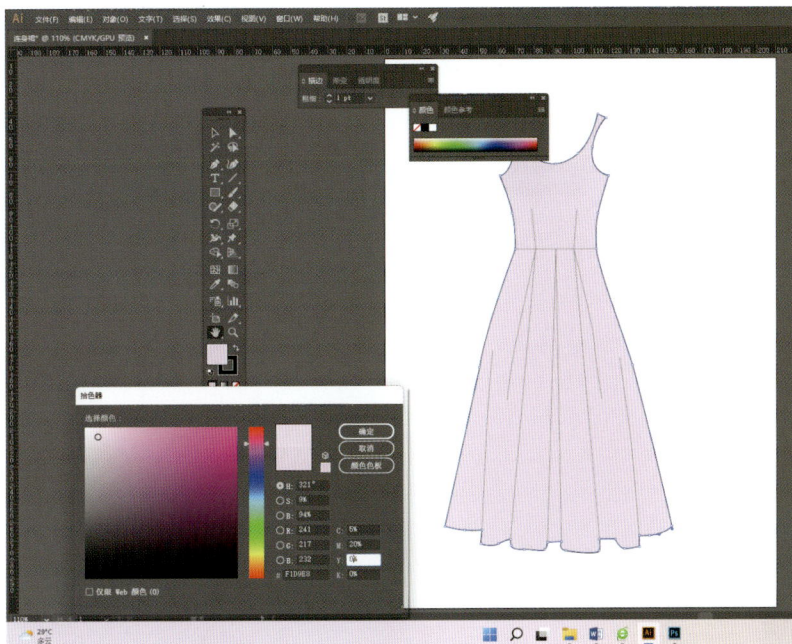

图5-95　裙子颜色填充

（10）勾画衬里及衬里颜色填充。点击钢笔路径工具，用钢笔路径工具画裙子衬里，路径要和前面裙子进行交错，整体略大一圈，到胸部位置即可，构成一个闭合路径，然后点击工具箱下方的填充色，弹出对话框后，在CMYK模式中输入：C5，M30，Y0，K0数值，调色比裙身颜色略重，描边值设为0.5pt（图5-96）。

图5-96　勾画衬里及衬里颜色填充

（11）将裙子衬里后置，对连身裙进行细节调整。点击做完的裙子衬里，然后在对象菜单下选择排列/置于底层，将裙子衬里放到后面位置（图5-97）。得到完成的连身裙图，还可以进行细节调整，直到满意为止（图5-98）。

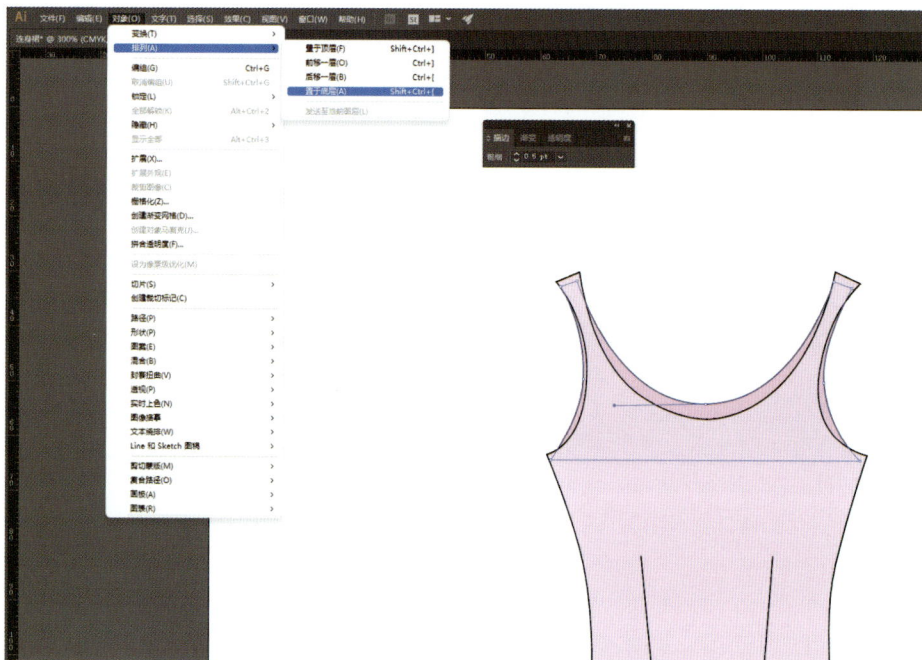

图5-97　将裙子衬里后置

图5-98　对连身裙进行细节调整

（12）在工具箱中将移动键激活，然后将光标放在裙子外侧，拉动光标把连身裙所有部分框住，框住裙子部分轮廓，轮廓变为蓝色即表示框住或选上，然后在对象菜单下选择编组选项，即可完成编组（图5-99），裙子变为一个整体，可以整体移动。至此完成连身裙图整个过程（图5-100）。

图5-99　对裙子进行编组

图5-100　连身裙图制作完成

作业与练习

根据学习资料，用设计软件完成以下作业。

1.上衣款式图，包括西装、衬衣、马甲、卫衣等6款，尺寸为20cm×28cm。

2.下衣款式图，包括各类裙子、裤子、裙裤等6款，尺寸为20cm×28cm。

3.风衣、大衣、连身装款式图6款，尺寸为20cm×28cm。

4.3~4人系列效果图，包括效果图和款式图尺寸为27cm×40cm。

目的与基本要求：熟悉计算机图形软件绘图的各种工具，运用手绘与计算机图像软件、计算机图形软件相结合表现技法综合表现效果图，达到独立设计的能力。

图5-101~图5-109是学生作业练习。

图5-101　学生作业（2019级学生李雅琦绘）

图5-102　学生作业（2019级学生高银燕绘）

图5-103　学生作业（2010级学生张彤绘）

图5-104 学生作业（2010级学生薛薇绘）

图5-105 学生作业（2010级学生戴葳绘）

图5-106 学生作业（2010级学生徐丽娜绘）

图5-107　学生作业（2010级学生朱烨绘）

图5-108　学生作业（2021级学生于依鑫绘）

图5-109　学生作业（2017级学生余方艳绘）

参考文献

[1] 白湘文,赵惠群.美国时装画技法[M].北京:轻工业出版社,2005.

[2] 杨庆.首届中国时装画艺术大赛作品技法评述[M].北京:中国轻工业出版社,1995.

[3] 刘晓刚.时装设计艺术[M].上海:中国纺织大学出版社,1997.

[4] 郭琦,罗俊,杨砚书.麦克笔服装效果图快速表现[M].上海:东华大学出版社,2013.

[5] 郑健,等.服装设计学[M].北京:中国纺织出版社,1996.

[6] Xunxun-Missy.不私藏的时尚穿搭术:Xunxun-Missy的灵感涂鸦笔记[M].北京:中国青年出版社,2004.

[7] 黄伟,贺柳,张宁.服装画表现技法[M].上海:东华大学出版社,2020.

[8] 王广文,王德才.通用技术服装及其设计[M].北京:地质出版社,2020.